Bibliographic information published by the German National Library:

The German National Library lists this publication in the National Bibliography; detailed bibliographic data are available on the Internet at http://dnb.dnb.de .

Imprint:

Copyright © 2018 GRIN Verlag
Print and binding: Books on Demand GmbH, Norderstedt Germany
ISBN: 9783346035585

This book at GRIN:

https://www.grin.com/document/490161

Jean-Baptiste Kibora

Identification des sites d'installation des antennes de télécommunication mobile dans la province du Ziro, région de Centre sud, Burkina Faso

GRIN Verlag

MINISTERE DE L'ENSEIGNEMENT SUPERIEUR, DE LA RECHERCHE ET DE L'INNOVATION

BURKINA FA SO
Unité-progrès-justice

INSTITUT SUPERIEUR DE TECHNOLOGIES

MINISTERE DES INFRASTRUCTURE

SECRETARIAT GENERAL

Institut géographique du Burkina

Memoire de fin d'étude

Pour l'obtention du Diplôme d'Ingénieur des travaux informatiques :

Option : Réseaux et Systèmes

Présenté par : *KIBORA B. Jean-Baptiste*

THEME :

Identification des sites d'installation des antennes de télécommunication mobile dans la province du ZIRO, région de Centre sud, BURKINA FASO

Soutenu le 24/11/2018

Période de stage : Aôut à Novembre 2018

DEDICACE

Je dédie ce mémoire de fin d'étude

A Feu, Mes frères Koudomouanou et Hervé.

Remerciements

Au terme de ce memoire je voulais d'abord exprimer ma profonde reconnaissance:

A mon directeur de memoire M. SAWADOGO Moumouni,

A tout le corps enseignant de l'IST pour la qualité de la formation recue.

Je souhaite également remercier toute la promotion IT3/RSI 2016-2017 pour l'esprit de partage et de fraternité durant la formation, sans quoi je ne serai arrivé,

Et tous ceux qui ont contribué d'une manière ou d'une autre à la réussite de ce travail, qu'ils trouvent tous ici le témoignage de ma profonde gratitude.

Table des matières

Sigles et abréviation

ARCEP	Autorité de Régulation des Communications Electroniques et des Postes
ASTER	Advanced Spacebone Thermal Emission and Reflection Radiometer
ATM	Asynchronous Transfer Mode
BNDT	Base Nationale de Données Topographiques
BTS	Base Transceiver Station
CSMA	Carrier Sense Multiple Access
DEM	Digital Elevation Model
ESRI	Environmental Systems Research Institute
GPS	Global Positioning System
GSM	Global System for Mobile Communications
INSD	Institut National de la Statistique et de la Démographie
IP	Internet Protocol
LAN	Local Area Network
LOS	Line Of Sight
MAN	Metropolitan Area Network
MCD	Modèle Conceptuel des Données
MNT	Modèle Numérique de Terrain
NASA	National Aeronautics and Space Administration
OLI	Operational Land Imager
UIT	Union Internationale des Télécommunications
USGS	United States Geological Survey
VSAT	Very Small Aperture Terminal
WLAN	Wireless Local Area Network
WMAN	Metropolitan Wireless Local Area Network

Liste des figures

Liste des tableaux

Résumé

L'optimisation des réseaux cellulaires est très importante pour fournir aux abonnés une puissance du signal satisfaisant. Pour un réseau cellulaire optimisé, la localisation des stations de base (BTS) doit prendre en compte l'environnement géographique dans laquelle se propagent les ondes.

L'objectif de la présente étude vise à contribuer à une meilleure accessibilité des abonnées aux réseaux mobiles par amélioration du choix de la localisation des infrastructures de téléphonie mobile grâce au SIG.

En effet les SIG sont utiles aussi bien pour la visualisation graphique de l'environnement de propagation des ondes que pour l'analyse des facteurs intervenant dans le choix des meilleurs sites.

La méthodologie est basée essentiellement sur l'acquisition des données topographiques et d'occupation des terres, l'analyse des données et la visualisation cartographique.

Grâce à cet outil qu'est le SIG, des sites optimaux ont été choisis et des simulations ont été faites pour quantifier et qualifier la puissance du signal émis depuis les stations relais vers des localités cibles.

Introduction

Entre 2011 et 2015, le nombre de téléphones mobiles en Afrique est passé de 500 millions à 850 millions. D'après le journal *AfricTelegraph* qui révèle l'information, la téléphonie mobile a connu une véritable percée sur le continent ces 14 dernières années passant de moins de 10% en 2002 à plus de 50% aujourd'hui, avec des pics comme en Afrique du Sud où ce taux atteint les 89% (soit un taux égal à celui des Etats-Unis). Une croissance qui a déjouée toutes les prévisions initiales des différentes organisations. Face à ce phénomène les opérateurs de téléphonie mobile se trouve dans une situation de concurrence où chacun doit étendre son réseau afin d'acquérir un maximum d'abonnés.

Au Burkina Fao, Bien que ces opérateurs ne sont pas nombreux, la concurence entre eux nécessite une prise en compte de plus en plus fine de la réalité du milieu de propagation des ondes radioélectriques. Cette prise de consience doit passer par l'utilisation d'outils adéquats pour placer leur pylônes dans des endroits stratégiques afin de couvrir un maximum de clients et augmenter leur chiffre d'affaire.

Outre les modèles de propagation des ondes qui ont été largement utilisés dans l'ingénierie des ondes radio, d'autres études réalisées par (Siddharh & Joon-Yeoul, 2016) ; (Malmer , 2009) ont démontré l'importance primordial que jouent les SIG dans les travaux de dimensionnement des équipements de radio cellulaire.

Les SIG sont devenus indispensable pour la gestion des réseaux mobiles ou fixes.

Au-delà de cet aspect les SIG permettent désormais d'analyser des informations dites « business », du type mode de consommation, déplacement des clients. Sur un marché saturé les opérateurs de télécommunication doivent sans cesse innover pour offrir des services répondants aux exigences de clients. Les SIG les aident dans cette quête en leur permettant de procéder à une analyse géo décisionnelle. L'analyse spatiale est alors nécessaire pour optimiser leur processus et effecteur les bons choix. Les fournisseurs de services télécoms comme Nextel, Pacific, Bell et d'autres utilisent la technologie pour planifier, construire leurs réseaux de télécommunication et bien d'autres services (Magalhaes , 1997).

Cependant plusieurs facteurs tel que, la densité de la population, la tendance démographique, la couverture forestière et la topographie doivent être considérés au moment du choix de la position des pylônes. Les équipements doivent être positionnés de façon à couvrir le maximum de population tout en essayant d'éviter d'interférences avec des zones déjà couverte.

La présente étude qui a pour objectif de contribuer à une meilleure accessibilité des abonnés aux réseaux mobiles est organisée en trois chapitres : La première présente le cadre théorique de l'étude, la deuxième et la troisième abordent respectivement la méthodologie et la présentation des résultats.

Chapitre I: Cadre théorique de l'étude

Ce chapitre présente le cadre du stage, la problématique et les objectifs et la revue littéraire.

I.1. Présentation du cadre de stage

I.1.1. Présentation de l'IST

a. Généralité

L'institut supérieur privé de technologie (IST),créé par l'arrêté N°204/2000/MESSRS/DGESRS/SP du 14 mars 2000 par l'état burkinabé, est un établissement d'enseignement technique et professionnel situé à Ouagadougou. Dans le souci de mettre sur le marché de l'emploi des techniciens et des ingénieurs capable de répondre aux besoins des entreprises, des institutions de l'état et du privé, l'IST forme pendant une durée de deux(02) ans des techniciens supérieurs déjà titulaire du baccalauréat ou d' un diplôme équivalent et pour une période de trois (03) à cinq (05) ans des ingénieurs. Pour atteindre ses objectifs l'institut s'est donné des missions précises et est organisé en départements. Chaque département a un responsable qui est un professionnel qualifié, il aide le Directeur des études dans sa tâche de gestion de l'enseignement et l'encadrement des étudiants et siège au conseil académique. Chaque cycle de formation est sanctionné par un diplôme suite à une soutenance.

b.Mission

Le développement passe par la qualification de la ressource humaine. En effet, la formation professionnelle est importante dans un environnement marqué par la mondialisation et la compétition.

C'est pourquoi l'IST, établissement supérieur privé d'enseignement technique et professionnel offre aux étudiants et les travailleurs des formations diplômantes et de qualité en cour du jour et du soir. Les cours se déroulent selon le système modulaire. Un accent est mis sur les travaux pratiques(TP) et les travaux libres (exposés). Les contrôles sont continus au moins après vingt(20) heures de cours. En quête de l'excellence, l'IST délivre des diplômes internationalement reconnus. Dans l'esprit de partenariat, l'IST donne les possibilités d'obtenir des diplômes canadiens, des diplômes anglais et des diplômes de l'Université Ouaga I Professeur Joseph Ki Zerbo (UOPJKZ).

c.Les filières d'enseignements

L'IST est divisé en deux grands départements qui sont :

Le département sciences et technologies et le département science de gestion.

<u>Departement sciences et technologies</u>

Il regroupe les filières comme :

- Réseaux Informatique et Télécoms,
- Electronique et Informatique Industrielle,
- Electrotechnique, Maintenance Industrielle,
- Agroalimentaire,
- Génie Biomédical.

Le niveau d'entrée est de BAC C, D, E, F, H, PRO pour le BTS/DTS ; BAC+2 selon la spécialité pour la licence professionnelle/ingenieur des travaux ;
BAC+3/BAC+4 selon la spécialité pour le master d'ingenerie.

<u>Departement science de gestion</u>

Il regroupe les filières tel que :

- Transport Logistique,
- Banque et Micro finance,
- Communication d'Entreprise,
- Finance Comptabilité,
- Marketing et Gestion Commerciale
- Gestion des Ressources Humaines
- Secrétariat de Direction et Bureautique

Le niveau d'entrée est de BAC C, D, E, F, H, PRO pour le **BTS/DTS** ; BAC+2 selon la spécialité pour la licence professionnelle/ingenieur des travaux ;
BAC+3/BAC+4 selon la spécialité pour le master d'ingenerie.

d.Organigramme

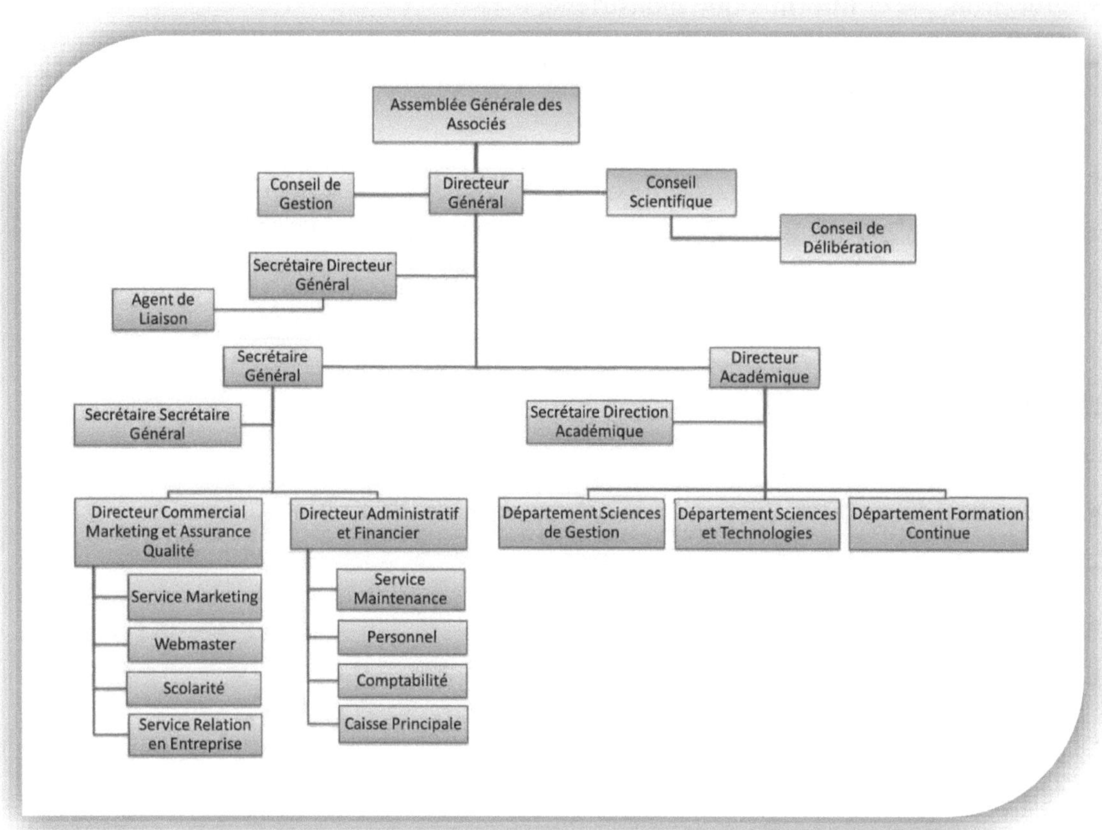

Figure 1: Organigramme de l'IST (site web de l'IST,2017)

❖ Les campus de l'IST

L'IST est composé de plusieurs campus dont le e-Campus, celui de Larlé I, Larlé II et Larlé III à Wayalghin et celui de Tampouy.

I.1.2. Présentation de l'IGB

❖ Attributions et organisation

L'Institut Géographique du Burkina est un Etablissement public à caractère administratif créé en 1976 pour assurer entre autres, la couverture cartographique du pays et les travaux connexes. Cet organisme assure la totalité de la production des cartes topographiques et une importante partie de la production des cartes thématiques. A ce titre, il est chargé de :

- L'élaboration et la mise en œuvre de la politique nationale en matière de cartographie ;

- L'extension, la densification et la gestion des réseaux géodésiques (planimétrique et altimétrique) nationaux ;
- La couverture du territoire par des photographies aériennes à des échelles diverses.

L'Institut Géographique du Burkina est placé sous la tutelle technique du Ministère des Infrastructures et sous la tutelle financière du Ministère de l'Economie et des Finances. Il est organisé comme suit :

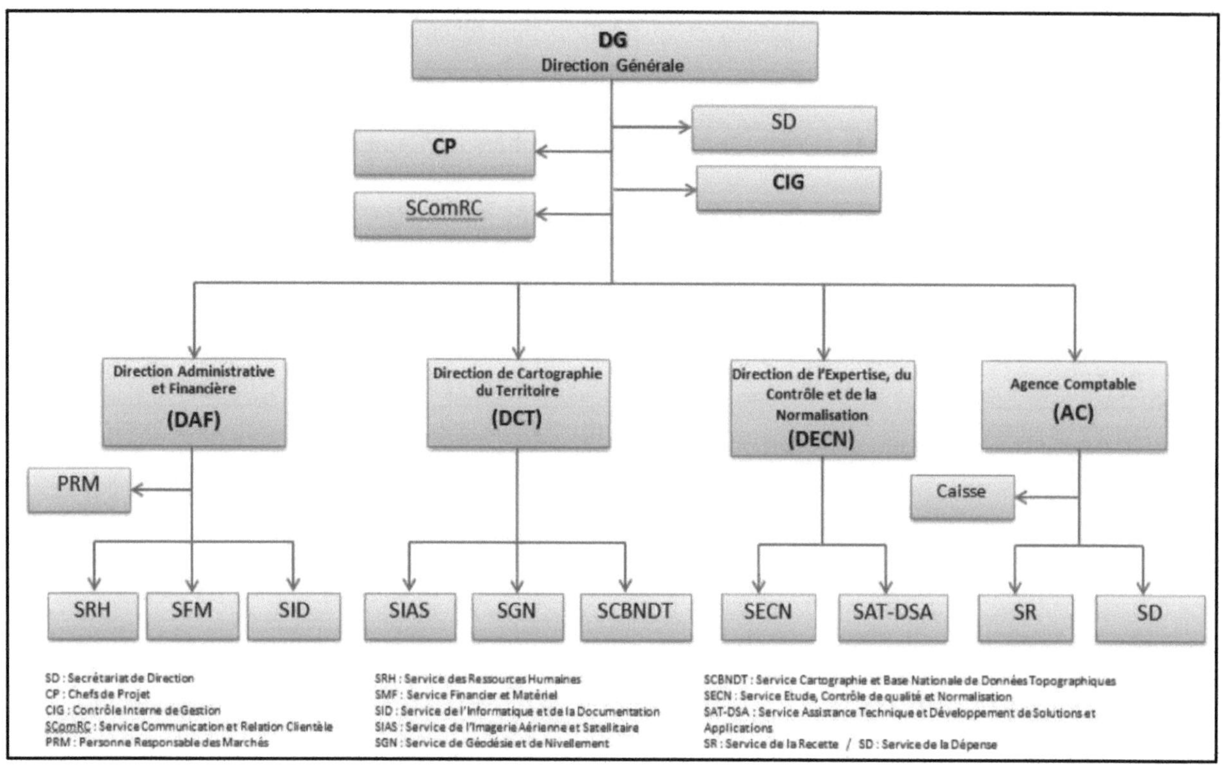

Figure 2: Organigramme de l'IGB (IGB, 2018)

❖ **Personnel**

L'institut compte à ce jour plus de soixante agents (fonctionnaires et contractuels).

La Direction technique qui assure l'exécution des travaux compte en son sein trente agents dont une dizaine de cadres formés essentiellement en France, au Maroc.

❖ **Matériel technique**

L'Institut Géographique du Burkina dispose d'une chaîne de cartographie nouvellement acquise. Elle est composée d'un avion photographe, de stations d'aéro-triangulation, de stations de restitutions, d'unités de cartographie, de SIG et de télédétection lui permettant de réaliser tous types de travaux cartographiques à partir de photographies aériennes ou d'images satellites.

I.2. Problématique, Objectifs et Hypothèses

I.2.1. Problématique

Les télécoms font partie des secteurs en plein développement au Burkina Faso et occupent une place primordiale dans l'économie nationale. Ce secteur connait une croissance soutenue du fait de la croissance démographique et du développement des technologies de l'information et de la communication.

Face à ce phénomène les opérateurs de téléphonie mobile se trouve dans une situation de concurrence où chacun doit étendre son réseau afin de couvrir le maximum de population.

L'extension des réseaux passe par une prise en compte de plus en plus fine du milieu de propagation des ondes radioélectriques. Il y a peu de temps les cartes topographiques traditionnelles combinées à des photographies aériennes, les modèle de propagation des ondes, suffisaient pour déployer un réseau cellulaire ; mais la localisation n'était pas optimale, la qualité des communications non plus, ce qui n'est pas d'une part profitable pour les abonnées et bénéficiable pour les opérateurs d'autre part.

Bien que la demande est concentré en milieu urbain, la législation exige souvent des opérateurs de couvrir le maximum possible de zones rurales et la localisation des sites pour les antennes devient fastidieux du fais de l'influence de la topographie et des types d'occupation du sol associés. Ces émetteurs-récepteurs, aussi appelés relais, BTS ou stations de base servent d'intermédiaire entre le téléphone mobile (MS) et le sous-système réseau (NSS) qui regroupe l'ensemble des éléments de gestion des mobiles et d'acheminement des communications.

L'importance des données géographiques, leur nature, leur agencement ainsi que le rôle du niveau d'observation qui leur est associé est déterminante pour une utilisation optimale des modèles de propagation.

L'analyse spatiale et l'intégration des données au sein d'un système d'information géographique permettront d'appréhender l'influence des données géographiques sur le choix de la position des antennes pour une meilleure optimisation des réseaux mobiles.

C'est dans ce contexte que ce veut la présente étude qui a pour thème « identification des sites propices à l'installation des antennes de télécommunication mobile dans la province du ZIRO, région du centre-sud, Burkina Faso.

I.2.2. Objectif

La présente étude vise à contribuer à une meilleure accessibilité des abonnées aux réseaux mobiles par l'amélioration du choix de la localisation des infrastructures de télécommunication mobile grâce au SIG. Pour atteindre cet objectif nous avons définis des objectifs spécifiques qui sont de :

- Faire l'état de lieu de la couverture de la zone d'étude en réseau mobile,
- Identifier des sites propices à l'implantation des antennes de télécommunication mobile dans la zone.
- Faire des simulations pour estimer la couverture du signal à partir des sites choisis.

I.2.3. Hypothèse

Pour mener à bien cette étude, trois hypothèses ont été émises:

- La non couverture entière de la province du Ziro en réseau mobile est dûe à la position inappropriée des équipements d'émission.
- Les facteurs géographiques (topographie, climat, couverture forestière) de la zone d'étude influencent les émissions et entrainent une mauvaise qualité des signaux reçus.
- L'apport du SIG permettra d'optimiser le choix des sites en tenant compte des paramètres perturbateurs des émissions.

I.3. Terminologie et revue littéraire

I.3.1. Système d'information géographique

I.3.1.1. Information géographique

L'information géographique peut être définie comme une information relative à un objet ou à un phénomène du monde terrestre, décrit plus ou moins complétement (Jean , 2017) :

- Par sa nature, son aspect et ses caractéristiques diverses.
- Par son positionnement sur la surface terrestre.

Exemple, l'information géographique sur une route se caractérise par :

- Son nombre de voies, son revêtement (bitume, empierrage, etc.), son nom (ex. N20), sa longueur, etc.

- Sa localisation.

Le premier groupe de données est appelé aussi attributs ou encore données sémantiques, tandis que le second groupe est appelé données géométriques.

I.3.1.2. Représentation de l'information géographique

L'information géographique peut être représenté sur :

- Une image enregistrée de la surface terrestre (exemple photo aérienne ou image satellite), où l'on peut voir une multitude d'objets mais sans connaître directement leurs attributs (on ne voit pas le nom de la route).
- Une carte, où l'on situe les objets et les phénomènes dans un repère général et homogène et où l'on a une vue d'ensemble sur leur implantation sur le terrain.
- un texte ou un fichier de données littérales où elle est représentée par des données numériques et par une adresse postale (exemple : fichier des abonnés au téléphone : nom, prénom, numéro de téléphone, adresse postale).

Ces trois formes de représentation sont distinctes mais complémentaires :

- L'image comporte surtout des données géométriques (forme, dimensions, localisation).
- Le texte ou le fichier littéral comporte surtout des données sémantiques (attributs).
- La carte comporte des données à la fois sémantiques et géométriques.

Noter que les données sémantiques de la carte s'expriment principalement par des symboles (points, lignes, surfaces), dont les attributs sont expliqués par la légende de la carte).

La carte apparait ainsi comme une forme intermédiaire (et optimale) de représentation de l'information géographique, avec un dosage particulier entre données sémantiques (on identifie moins d'attributs que dans un fichier) et géométriques (on voit moins d'objets que sur une image mais ils sont tous identifiés).

I.3.1.3. Représentation numérique de la géométrie des objets

Les objets dans un SIG sont représentés en deux formes :

- Le mode maillé (ou raster en anglais), où la surface de la carte ou de l'image est décrite selon un balayage ligne par ligne analogue à celui de la télévision : chaque ligne est composée de points élémentaires jointifs (ou pixels en anglais, abréviation de picture élément).
- Le mode vecteur où chaque objet représenté sur la carte est décrit par des points successifs composant son pourtour. Chaque point est localisé par ses coordonnées

rectangulaires et est joint au point suivant par un segment de droite (d'où le terme de vecteur).

1.3.1.4. Bases de données géographiques

Les modèles de propagation sont fortement liés aux données géographiques. Exemple concret : un modèle de propagation urbain-périurbain utilisera des bases de données géographiques comportant l'altitude au sol, la hauteur du sursol (bâti, végétarien, etc.), le type d'occupation du sol ainsi que l'emprise des bâtiments dans l'espace. D'un point de vue géographique cela correspond à :

- Modèle numérique de terrain (MNT) : contenant l'altitude Z.
- Modèle numérique de surface (MNS) : contenant la hauteur du sursol.
- Cluster : correspondant à une image raster comportant les différents types d'occupation du sol, le nombre de thèmes pris en compte pouvant varier.
- Contour de base du bâti et de la végétation.

Toutes ces données sont organisées dans un système de gestion de base de données SIG afin de faciliter leur exploitation.

I.3.1.5. SIG et Communication :

(SHANNON & Weaver, 1949) Définit la communication comme « reproduire en un point exactement ou approximativement un message sélectionné en un autre point ». Basé sur les adaptations de la théorie de la communication de Shannon pour le domaine de la communication de masse (ex. journalisme) et pour les sciences cognitives (ex. perception, interprétation de signaux),

(Bédard, 1987) Identifie les SIG (en tant que système organisationnel) comme étant un processus de communication complexe entre des producteurs et des utilisateurs de données géo spatiales. Afin de prendre une décision, les personnes perçoivent des signaux du monde réel, les interprètent, et procèdent à une abstraction afin de générer un modèle cognitif servant à cette prise de décision. Les signaux perçus peuvent provenir soit d'une observation directe de la réalité, soit d'une autre personne (ou machine) mandatée pour communiquer une information. Dans le cas des utilisateurs de logiciels SIG, les signaux perçus proviennent presque toujours d'un observateur autre que l'utilisateur, créant ainsi un processus de communication entre l'observateur de la réalité (ex. géomètre, forestier, géologue) et l'utilisateur du logiciel SIG. Un SIG contient généralement plusieurs sortes d'objets géographiques qui sont organisés en thèmes que l'on affiche souvent sous forme de couches. Chaque couche contient des objets de même type (routes, bâtiments, cours d'eau, limites de commununes, entreprises,...). Chaque objet est constitué d'une forme (géométrie de l'objet) et d'une description, appelé aussi sémantique.

La convergence des technologies a changé l'industrie des télécommunications, en créant de nouvelles zones de concurrence (ESRI, 2017). Le SIG offre aux sociétés de télécommunications un éventail de solutions qui permettent l'analyse des relations entre la couverture des services, l'édition de résultats de tests, la gestion des dossiers d'incidents, le suivi des requêtes clients et, d'une façon plus générale,tout le reporting de l'entreprise.Que ce soit pour des études en avant-vente, en phase de conception, de déploiement, d'exploitation, de maintenance ou encore d'évolution de réseau,le SIG est un outil d'aide à la décision précis et complet.En intégrant des données géolocalisées, le SIG peut aider à être plus efficace dans vos actions de :

- Analyse
- Marketing
- Planificationdesopérationsderéseau
- L'ingénierieetlaconstruction
- Chiffresd'affaires-ventes
- Serviceclient-gestiondeséquipes

En augmentant l'efficacité des actions, les outils du SIG aident à conserver l'avantage dans un marché de plus en plus concurrentiel. Il établit une plateforme commune qui améliore la circulation de l'information et augmente considérablement la communication interne et la collaboration.

Aujourd'hui, outre la question de la couverture géographique, ces entreprises ont du mal à garder l'avantage car la compétition est forte et les produits en évolution constante. Elles ont besoin d'une approche intégrée qui permette une meilleure prise de décision à partir de résultats mesurables, tels que la croissance rapide du marché, une réduction des coûts et une meilleure satisfaction du client. Le Système d'Information Géographique (SIG) offre un aperçu global de l'activité; il aide les entreprises à gérer leurs réseaux de télécommunications, à intégrer des données marketing, d'exploitation d'infrastructure et de gestion de clients. En combinant des données démographiques, de consommation et d'entreprises, il est plus facile de créez des indicateurs utiles pour la planification d'un réseau et des actions marketing. Les SIG pour l'entreprise permettent une approche intelligente et intégrée de la planification de l'expansion d'un réseau, l'analyse des tendances de la clientèle ainsi que la conception et le suivi des comptes – campagnes marketing. Par exemple: Les tableaux de bord permet tent aux dirigeants et aux gestionnaires d'améliorer et de comprendre en temps réel le fonctionnement et l'environnement d'un réseau. Celui-ci montre l'emplacement des antennes, la puissance du signal, et des informations météorologiques. Cette approche peut être rapidement diversifiée si de nouvelles données sont disponibles, ainsi il est possible de réaliser des mashups et des analyses. Le SIG est utilisé comme outil d'analyse spatiale pour étudier la zone géographique à prendre en compte pour le calcul Radio : ceci permet de caractériser plus efficacement (analyse morphologique) le milieu géographique présent le long du canal de propagation afin d'améliorer les calculs d'affaiblissements radio.

Trois domaines articulant SIG et radiocommunications gagnent actuellement en importance : la visualisation des informations, l'intégration, l'analyse et la comparaison des informations.

- La visualisation : la possibilité offerte de visualiser les réseaux en 2D et 3D est une ouverture en matière de complémentarité entre SIG et Télécommunications. Le SIG possède des modules spécifiques dédiés à la 3D.
- L'intégration : l'interfaçage avec des logiciels d'ingénierie radio-mobile du commerce est aisé et s'effectue sous Windows grâce à des composants COM, des Active X, des librairies dynamiques (.dll).
- La sélection des sites (dimensionnement des antennes) : de nombreux critères sont pris en compte pour sélectionner une localisation optimale des antennes relais. Des informations géographiques au format vectoriel ou raster telles que les limites administratives, les obstructions verticales et les types d'occupation du sol doivent être intégrées.
- La comparaison : le SIG permet d'intégrer et de manipuler des couches d'informations parfois très variées, afin d'extraire de nouvelles données, ou bien de déduire de nouvelles connaissances, également grâce à différentes opérations spatiales : les cartes d'affaiblissement, calculé par un même modèle sont ainsi comparés lorsqu'on modifie certains paramètres ou variables géographiques. On peut ainsi évaluer l'impact de la résolution spatiale des données raster sur la qualité de l'affaiblissement radio calculé par le modèle. On peut effectuer très facilement des comparaisons de couches d'informations, de données parfois très différentes comme :
- Les valeurs prédites par le modèle avec les mesures de terrain.

- Les résultats obtenus avec différents modèles pour une même zone géographique, afin de savoir automatiquement quel est le modèle le mieux adapté pour ce type de milieu géographique.

- Tests : On peut aussi tester la modélisation radio (l'équation, les variables, etc.) grâce aux statistiques : tester la qualité des résultats (calcul de l'écart-type, de l'erreur moyenne, etc.) si l'on ajoute ou si l'on enlève des variables géographiques dans la modélisation.

I.3.2. Les réseaux de téléphonie mobile

I.3.2.1. Définition et principe de fonctionnement

Un réseau mobile ou cellulaire est un réseau téléphonique qui permet l'utilisation simultanée de millions de téléphones sans fil, immobiles ou en mouvement, y compris lors de déplacements à grande vitesse et sur une grande distance.

Pour atteindre cet objectif, toutes les technologies d'accès radio doivent résoudre un même problème : répartir aussi efficacement que possible, un spectre hertzien unique entre de très nombreux utilisateurs. Pour cela, diverses techniques de multiplexage sont utilisées pour la cohabitation et la séparation des utilisateurs et des cellules radio : le multiplexage temporel, le multiplexage en fréquence et le multiplexage par codes, ou le plus souvent une combinaison de ces techniques.

Un reseau mobile a une structure « cellulaire » qui permet de réutiliser de nombreuses fois les mêmes fréquences ; il permet aussi à ses utilisateurs en mouvement de changer de cellule (handover) sans coupure des communications en cours. Dans un même pays, aux heures d'affluence, plusieurs centaines de milliers, voire plusieurs millions d'appareils sont en service avec (dans le cas du GSM) seulement 500 canaux disponibles.

I.3.2.2. Les Générations Mobiles :

- ❖ **1ère Génération (1G) :**
- Fonctionnement analogique.
- Appareils relativement volumineux.
- Faibles mécanismes de sécurité.
- Bande de fréquence de 900 MHz.
- ❖ **2ème Génération (2G) - GSM : Global System for Mobile Communication**
- Plus de 863,6 millions d'abonnés.

- 1982 : les français du Groupe Spécial Mobile mettent en route les travaux sur la nouvelle technologie.
- L'ETSI, European Telecommunications Standards Institute en fait une norme internationale nommée GSM – Global System for Mobile communications en 1991 et fonctionne sur la bande 900 MHz.
- Europe : bandes de fréquences 900 MHz et 1800 MHz en bi-bande.
- Etats-Unis : bande de fréquence 1900 MHz en tri-bande.

Caractéristiques :

- Technologie numérique.
- Mode circuit : connexion au réseau à la demande.
- Qualité de parole comparable à celle de la téléphonie fixe.
- Possibilité de roaming.
- Chiffrement de l'information.

Les services offerts à l'utilisateurs :

- La voix.
- Les données : *Wireless Application Protocol* - (Internet).
- Les messages écrits courts : SMS
- Le Cell Broadcast (diffusion dans les cellules).

Les services supplémentaires : renvois d'appels - présentation du numéro

- ❖ **3ème Génération (3G) : UMTS (Universal Mobile Telecommunications Systems)**
- Les débits 5 à 10 fois plus élevés que celui du réseau 2G
- Bandes de fréquences UMTS : 1885 / 2025 MHz — 2110 / 2200 MHz.
- Possibilités de géolocalisation.
  - Nouveaux services : Visiophonie, MMS Vidéo, Vidéo à la demande, Télévision.
  - Assure la convergence entre les mondes de l'informatique, des télécommunications et de l'audiovisuel.
- ❖ **4ème Génération (4G):** Long Term Evolution **(LTE-4G)**

La quatrième génération de systèmes cellulaires (4G) correspondant au LTE-Advanced (IMT-Advanced). Succédant à la 2G, la 3G et 3.5G (High Speed Packet Access -HSPA) ; elle permet des débits plus élevés jusqu'à 3 Gbps en LTE-Advanced et 300 Mbps en LTE. Ses spécifications sont définies par l'UIT. En pratique, les débits sont de l'ordre de quelques dizaines de Mbit/s par utilisateur, selon le nombre d'utilisateurs, puisque la bande passante est partagée entre les terminaux actifs des utilisateurs présents dans une même cellule radio.

Une des particularités de la 4G est d'avoir un « cœur de réseau » basé sur IP et de ne plus offrir de mode commuté (établissement d'un circuit pour transmettre un appel « voix »), ce qui signifie que les communications téléphoniques utilisent la voix sur IP (en mode paquet).

I.3.2.3. Architecture des réseaux Mobiles

Un réseau mobile quel que soit sa nature est structuré comme suite :

- ❖ **MS (Mobile Station)** : Cela peut être tout appareil disposant d'un transmetteur adéquat et d'une carte SIM. Exemple : un téléphone mobile.
- ❖ **BSS (Base Station Subsystem)** : Partie radio du réseau, assure la connexion entre la Station Mobile (MS) et la partie commutation du réseau GSM (vers le MSC).

Zone de couverture d'une cellule (base du maillage du réseau) : variable, de 100m à 35km en fonction des obstacles.

- ❖ **BTS (Base Transcreiver Station)** : Composée d'un élément d'interface avec la station, d'un émetteur/récepteur et d'une antenne. Le domaine de la BTS reste la liaison physique radio.
- ❖ **BSC (Base Subsystem Controller)**: Commande jusqu'à une centaine de BTS. L'essentiel des fonctions de contrôle et de surveillance est réalisé par la BSC.

Fonctions des BTS et des BSC :

- Le chiffrement du contenu à transmettre (pour la confidentialité de la communication sans fil),
- L'activation et désactivation d'un canal radio,
- L'encodage, modulation, démodulation et décodage du signal radio (protection contre les erreurs de transmission, interférences, bruits….),
- Le contrôle de la liaison,
- La surveillance du niveau et de la qualité de réception (nécessaire pour le handover = ensemble des opérations mises en œuvre permettant à une station mobile (MS) de changer de cellule sans interruption de service,
- Le contrôle de la puissance d'émission (limiter la puissance à ce qui est suffisant pour ne pas trop perturber les cellules voisines).

- ❖ **NSS (Network Subsystem)** : Partie routage du réseau, chargée de l'acheminement de la communication (voir « **comment est acheminée une communication**«) entre deux utilisateurs du réseau ou vers l'extérieur.
- ❖ **MSC (Mobile Switching Center)** : En charge du routage dans le réseau, de l'interconnexion avec les autres réseaux et de la coordination des appels.

❖ **VLR (Visitor Location Registration)**: Base de données temporaire contenant des informations sur tous les utilisateurs (MS) gérés par le MSC.

Rôle des MSC et des VLR :

- Il y a 1 MSC pour plusieurs BSC : il concentre les **flux de données**.
- Il y a 1 VLR pour chaque MSC : il sert à connaître les informations détaillées sur les usagers que le MSC doit gérer.

Le MSC a pour rôle :

- La commutation (routage et multiplexage) entre les différents MSC reliés entre eux, ainsi qu'aux passerelles d'accès aux autres réseaux.
  - La gestion des connections, activation/désactivation d'un canal vers une MS.
  - La gestion de la localisation et du roaming (faculté de pouvoir être appelé partout dans le monde).

❖ **HLR (Home Location Registrer)**: Base de données centrale comportant les informations relatives à tout abonné autorisé à utiliser ce réseau mobile.

Elle contient les informations relatives à tout abonné autorisé à utiliser ce réseau GSM, les références uniques pour les autres bases de données locales (VLR), des informations sur l'utilisateur, les services souscrits par l'abonné, …

❖ **GMSC (*Gateway Mobile Switching Center*))**: Passerelles d'accès vers autre réseaux mobile ou fixes.

❖ **RTC:** Réseau téléphonique commuté.

❖ **OMC (Operation and Maintenance Center):** Il est chargé de mettre en place et de veiller au bon fonctionnement des différents éléments du réseau.

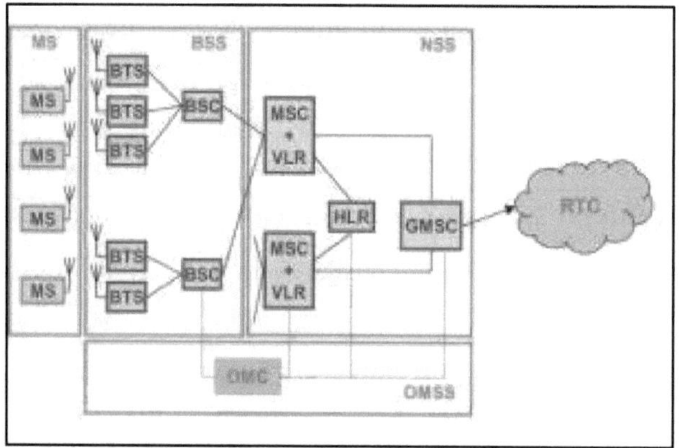

Figure 3:Architecture d'un reseau mobile GSM (www.telecomspourtous.fr)

I.3.2.4. Concept cellulaire

Un système de radiotéléphonie utilise une liaison radioélectrique entre le terminal portatif et le réseau téléphonique. La liaison radio entre le téléphone mobile et le réseau doit être de qualité suffisante, ce qui nécessite la mise en place d'un ensemble de stations de base (BTS) sur l'ensemble du territoire que l'on souhaite couvrir, de telle sorte que le terminal soit toujours à moins de quelques kilomètres de l'une d'entre elles.

La cellule représente la surface sur laquelle le téléphone mobile peut établir une liaison avec une station de base déterminée. Le principe consiste à diviser une région en un certain nombre de cellules desservies par un relais radioélectrique (la BTS) de faible puissance, émettant à des fréquences différentes de celles utilisées sur les cellules voisines. Ces cellules doivent être contiguës sur la surface couverte. Evidemment, le nombre de fréquences accordées au système GSM étant restreint, l'opérateur est obligé de réutiliser les mêmes fréquences sur des cellules suffisamment éloignées de telle sorte que deux communications utilisant la même fréquence ne se brouillent pas.

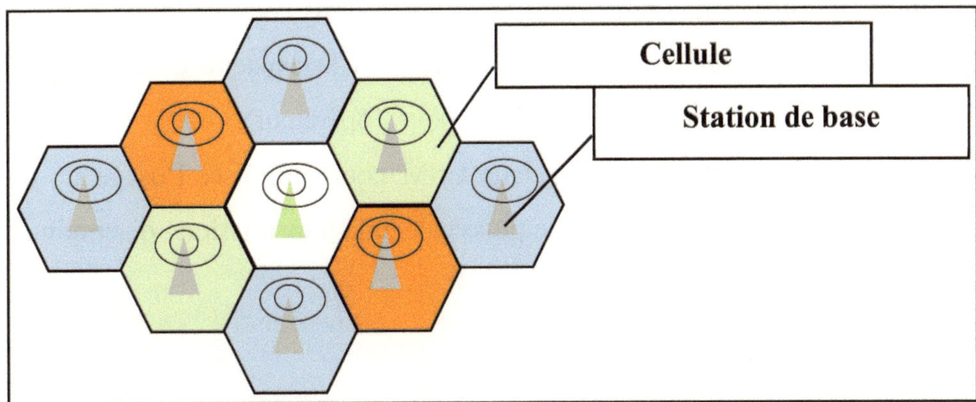

Figure 4: Ensemble de cellules; Kibora   (2018)

L'hexagone est la forme régulière qui ressemble le plus au cercle et que l'on peut juxtaposer sans laisser de zones vides. Toutefois, la réalité du terrain est bien différente de ce modèle théorique, notamment en zone urbaine où de nombreux obstacles empêchent une propagation linéaire.

I.3.2.5. Ingenierie cellulaire

L'ingénierie radioélectrique d'un réseau est sans doute l'une   des tâches la plus importante et la plus sensible rencontrée lors du déploiement d'un système cellulaire. Elle conditionne de façon importante la qualité de service offert aux utilisateurs (Abdraman, 2014).

L'opérateur doit d'abord assurer une couverture en fonction de ses objectifs. Quels types de terminaux veut-il privilégier, portatifs ou téléphones de voiture de forte puissance ?

Veut-il couvrir l'intérieur des bâtiments ou seulement les rues ? En fonction des réponses, il fait un bilan de liaison pour en déterminer les paramètres fondamentaux (puissances, taille des cellules, types d'antennes, seuils d'ingénierie...).

Pour optimiser l'utilisation des ressources radio allouées au service mobile et permettre une densité maximale d'usagers par unité de surface, il doit réutiliser les mêmes fréquences sur des sites distants. Le concept cellulaire permet, théoriquement, d'atteindre des capacités illimitées en densifiant le réseau des stations de base. Pour un déploiement fixé, la réutilisation de fréquences est limitée par le rapport C/I (Carrier/Interférence ou rapport porteuse/interférences). Il faut donc trouver un compromis entre ce rapport (pour garder une qualité de service minimum pour tous les usagers) et la capacité du système (pour que le système implanté soit économiquement viable pour l'opérateur).

Différentes méthodes sont disponibles dans GSM pour optimiser l'usage de la ressource radio: le saut de fréquence, le contrôle de puissance et la transmission   discontinue permettent de mieux réutiliser les ressources radio.

❖ **Taille des cellules**

Une zone rurale supporte un trafic plus faible qu'une zone urbaine dense, c'est l'évidence même. Pour densifier le trafic sur les zones urbaines, on sera amené à définir des cellules de petite taille (quelques centaines de mètres au maximum), tandis qu'en zone rurale, on utilisera de plus grandes cellules, suffisantes pour écouler le trafic (jusqu'à plusieurs dizaines de kilomètres), optimisant ainsi le nombre de BTS. Les BTS représentent une part importante du coût de déploiement d'un réseau GSM. La densification par multiplication des BTS n'est pas forcément la méthode la plus économique. Une solution couramment mise en place est la sectorisation qui consiste à couvrir une cellule par trois antennes directionnelles couvrant chacune un secteur de 120° et utilisant chacune un tiers des canaux physiques alloués à la BTS. Outre la réduction du nombre de BTS (et de sites), cette configuration a le double avantage de réduire le risque d'interférences et de diminuer le nombre de handovers.

De plus, si une densification d'une zone est nécessaire sur un réseau déjà installé, cette méthode ne remet pas en cause l'ingénierie radio.

❖ **Implémentation des relais**

Il faut pour commencer repérer des endroits où pourraient être installés les relais et faire

quel que hypothèses.

Une fois un emplacement projeté pour un relais, il faut en premier lieu déterminer sa couverture, c'est à dire évaluer l'espace géographique dans lequel le signal sera reçu correctement par les mobiles. La portée d'un relais n'est pas une science exacte. Elle évolue en fonction de la topographie du terrain, plus longue en milieu rural qu'en milieu urbain. Elle est très dépendante de la topographie du terrain et des «accidents» ponctuels (arbres, immeubles...).Un certain nombre de sites sont présélectionnés pour couvrir une zone géographique donnée. Comme il est hors de question de calculer à la main la couverture de chaque relais (et de toute façon ce serait faux), on utilise un simulateur informatique qui travaille à partir d'une cartographie précise et à jour de la région, des caractéristiques de puissance des BTS, des caractéristiques et du type des antennes.

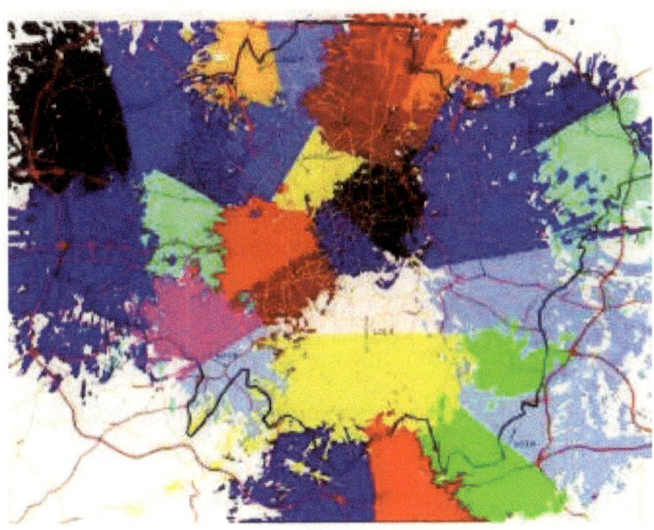

Figure 5: Exemple d'une carte de couverture, Michèle (2005)

La simulation va déterminer une carte de couverture où les différentes cellules apparaissent en Couleurs différenciées. Celle-ci met aussi en évidence les trous de couverture.

❖ **Configuration des relais**

Deux éléments sont à déterminer: la puissance de la BTS et sa capacité.

● **Puissance de la BTS**

Elle est établie en fonction d'un bilan de liaison qui prend en compte la puissance émise au niveau de l'antenne, la sensibilité des équipements, le gain d'antenne, le gain en réception, les différentes pertes, et ceci pour le sens montant et le sens descendant et qui donne l'affaiblissement maximal autorisé sur la liaison. On définit ainsi:

Affaiblissement maximal dans le sens descendant = (puissance de la BTS–pertes de la BTS+ gain d'antenne BTS) -(sensibilité du mobile+ pertes du mobile -gain d'antenne du mobile).

Affaiblissement maximal dans le sens montant = (puissance du mobile –pertes du mobile + gain d'antenne mobile) –(sensibilité de la BTS + pertes de la BTS –gain d'antenne –gain en réception).

Les deux valeurs trouvées doivent être identiques pour que le bilan de liaison soit équilibré. C'est la garantie qu'en limite de cellule le mobile pourra être «entendu» de la BTS et inversement.

Notons que les pertes sont des pertes internes au mobile (câble) ou à la BTS (multiplexeur, duplexeur, câble).La puissance est celle développée au niveau de l'antenne (la PIRE).

Les gains en réception, au niveau de la BTS sont les gains en puissance apportés par un amplificateur bas niveau (LNA) et s'il y a lieu par la diversité d'antenne.

- **Capacité de la BTS**

Ceci définit le nombre de canaux physiques (autrement dit d'IT TDMA) que devra supporter la BTS et qui est lié au trafic que doit supporter la BTS. Celui -ci peut être appréhendé en évaluant la population Fixe , mais il faut également tenir compte de la population de passage, en particulier dans des zones risquant d'attirer de nombreux visiteurs, comme un stade ou un parc d'expositions. Le calcul du trafic prend en compte le nombre de mobiles dans la cellule et la durée moyenne de la communication. Les lois d'Erlang sont utilisées pour déterminer le nombre de canaux radio, auquel il faut ajouter un canal pour la voie balise. Bien sûr ce nombre doit être un multiple de 8 car il est bien sûr impossible de n'allouer qu'un fragment d'une trame TDMA.

- ❖ **Allocation des fréquences**

Au Burkina , les fréquences GSM sont réparties par l'Autorité de Régulation (ARCEP) entre les différents opérateurs, moyennant le paiement d'une licence d'exploitation. Les bandes de fréquence sont elles -mêmes spécifiques. La tranche de spectre allouée est découpée en canaux radio physiques (ou porteuses).

Selon sa capacité déterminée, chaque BTS reçoit un ou plusieurs canaux (correspondant chacun à 8 canaux logiques) qui vont être choisis afin de réaliser un modèle cellulaire.Ceci ne se fait pas n'importe comment car une même porteuse ne peut pas être utilisée dans des cellules roches. Un certain «espace» exprimé en nombre de cellules, doit être respecté entre deux canaux de même fréquence. Ce nombre est déterminé par le rapport C/I (Signal/interférence) où I représente le niveau d'interférence de BTS distantes utilisant la même fréquence. Sur une zone homogène (topographie, trafic) couverte par des cellules de taille identique et par des BTS de même capacité, les cellules sont réparties selon un motif défini par le plus petit ensemble de cellules qui utilisent toutes les porteuses nécessaires au fonctionnement des BTS. Les fréquences sont alors allouées sur l'ensemble de la zone en répétant le même motif (typiquement 9 cellules en GSM).

Malheureusement,il est difficile de considérer un territoire étendu, Le Burkina par exemple, comme une zone homogène. Le problème se complique avec des cellules de diverses tailles et de diverses capacités. La planification radio pourrait constituer un agréable casse-tête, mais il est plus expéditif de recourir une nouvelle fois aux outils de planification telque radiomobile qui ,en plus de l'emplacement des cellules, va donner la liste des fréquences allouées à chaque relais.

❖ **Les essais terrain**

La radio est tout ce qu'on veut sauf une science exacte et aussi sophistiqués que soient les outils de simulation, rien ne la vaut pratique par un bon relevé sur le terrain.Un émetteur est placé à l'endroit prévu pour la BTS avec la même puissance , la même antenne est calée sur un des canaux de la future BTS. Un récepteur est placé dans un véhicule qui circule dans la zone couverte par la cellule en mesurant en continu le niveau du signal . L'opération est répétée pour tous les autres canaux radio.

Cette opération met en évidence des zones mal couvertes qui ne sont pas forcement répertoriées par la base de données topographiques (petit tunnel, rue étroite...). Des corrections peuvent être apportées en jouant sur l'orientation de l'antenne, sinon, d'autres solutions doivent être trouvées, souvent à base de répéteur ou de câble rayonnant.

Chapitre 2 : cadre méthodologique

Dans cette partie nous présenterons d'abord la zone d'étude et ensuite détailler les outils et méthodes utilisés pour l'atteinte de nos objectif.

II.1. Présentation de la zone d'étude

Entre 11°20 et 11°50 de latitude Nord et 2°20' – 1°50' de longitude Ouest, la zone d'étude est située au cœur de la province du Ziro dans la région du Centre – sud. Elle regroupe cinquante un (51) villages avec environ 28242 clients potentiels.

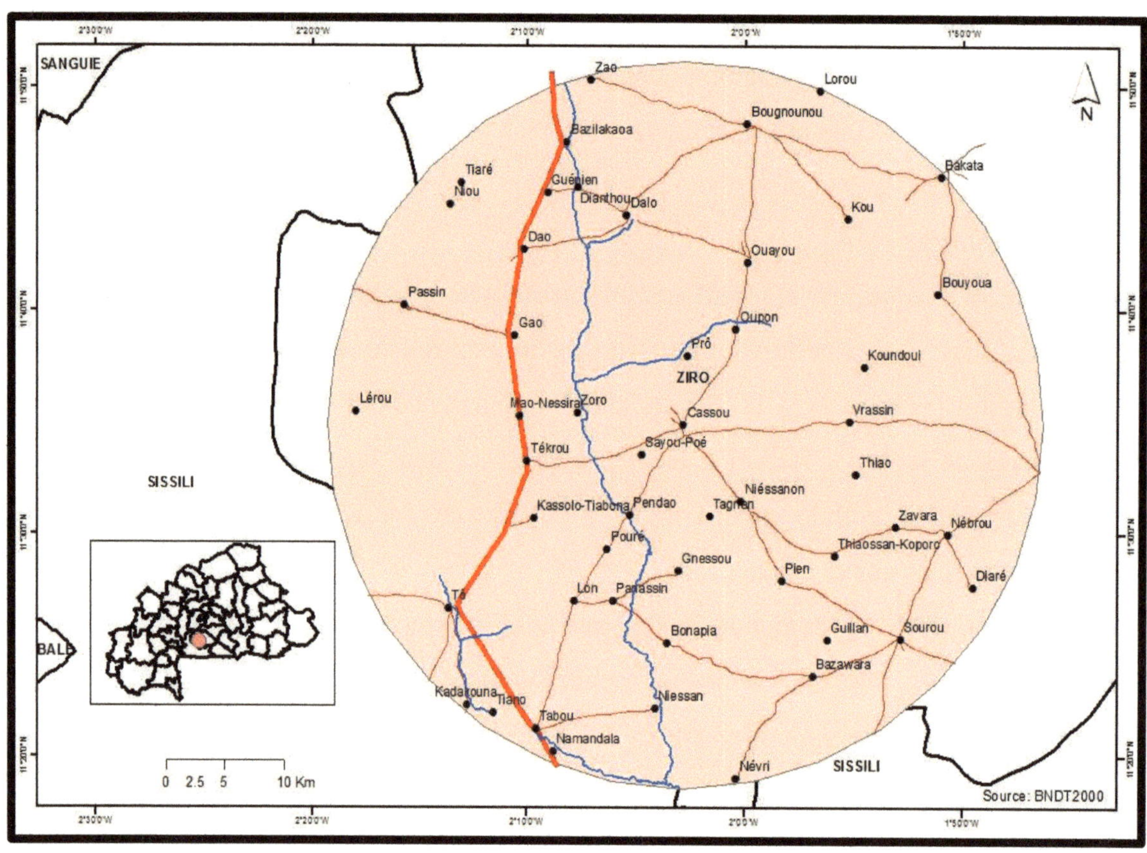

Figure 6: Situation géographique de la zone d'étude; Kibora (2018)

II.2. Matériels utilisés et estimation budgétaire

Pour mener à bien la présente étude un certain nombre de matériels et logiciels ont été utilisés. Ils sont décrits dans le tableau 1:

Tableau 1: Description du matériel, des données et logiciels utilisés

Désignation	Catégorie	Sources	Utilité
ASUS 32bits (Intel CORE DUO CPU)	Matériel	-	Traitement des données
GPS Garmin	Matériel	-	Levés terrain
ARCGIS	Logiciel	ESRI	Sélection des sites et calcul des champs de visibilité
Radio mobile	logiciel	www.ve2dbe.com	Estimation de la couverture à partir des sites choisis, Simulation des liaisons PTP et PTM
Global mapper	logiciel	www.globalmapper.com	Prédiction de la propagation des signaux
Microsoft Office	Logiciel	-	Saisie du rapport
BNDT	Donnée	IGB	Données administratives
MNT	Donnée	https://gdex.cr.usgs.gov/gdex	Modélisation de la topographie
Image satellite OLI	Donnée	www.glovis.usgs.gov	Extraction de l'occupation des terres
Démographie	Donnée	INSD	Densité de la population
Clients potentiels Et sites existants	Donnée	GPS + Google earth	Localisation des clients potentiels et des antennes existantes

II.2.1. Description de quelques données

II.2.1.1. Le modèle numérique du terrain

Un modèle numérique de terrain (MNT) est une représentation de la topographie (altimétrie et/ou bathymétrie) d'une zone terrestre (ou d'une planète tellurique) sous une forme adaptée à son utilisation par un calculateur numérique (ordinateur).

En cartographie, les altitudes sont habituellement représentées par des courbes de niveaux et des points cotés. Suivant la taille de la zone couverte, la plupart des MNT utilisent pour les petites zones, un maillage régulier carré ou pour les grandes zones, un maillage pseudo carré dont les côtés sont des méridiens et des parallèles. Il permet ainsi de reconstituer une vue en images de synthèse du terrain; de déterminer une trajectoire de survol du terrain; de calculer des surfaces ou des volumes; de tracer des profils topographiques; d'une manière générale, de manipuler de façon quantitative le terrain étudié.

❖ **DISPONIBILITE**

Quelques agences cartographiques (américaines principalement grâce aux subventions dont elles disposent) mettent gratuitement à disposition du public des bases de données importantes, accessibles sur le Web. Citons les principales : la NASA (DEM ASTER, SRTM-1, SRTM-3, SRTM30, MOLA MEGDR), la National Imagery and Mapping Agency (NIMA) (SRTMs) et l'USGS (DEM SDTS, 1 degré, 7.5 minutes, NED, GTOPO30).

Le nombre de données gratuites reste restreint, car les agences cartographiques en disposant vivent généralement de leur vente (c'est partiellement le cas de l'IGN en France, l'IGB au Burkina ici, qui édite les MNT BD Alti). Cependant la situation tend à s'améliorer, car les gouvernements prennent conscience de l'importance de ces données dans de nombreux domaines civils qui ne peuvent pas se permettre de les acheter à prix d'or. Par exemple :

- le gouvernement américain a récemment (septembre 2003) autorisé la distribution des fichiers SRTM (*Shuttle Radar Topography Mission*) qui offrent une résolution de 90 mètres pour environ 80 % des terres émergées, là ou auparavant il n'y avait que des résolutions de 1 km (GTOPO30).

- En 2009, un nouveau MNT a été gratuitement rendu disponible (résolution de 30 m, couvrant 99 % de la surface du globe) ; créé à partir de paires stéréoscopiques ASTER par la NASA et le Ministère de l'économie, du commerce et de l'industrie du Japon.

Tableau 2 : Caractéristiques de quelques formats du MNT

Nom	Résolution	Couverture géographique	Éditeur	Post-traitements
DEM ASTER	30 m	La Terre entière (sur demande)	NASA	non
DEM 1 degré	90 m	États-Unis	USGS	oui
DEM 7.5 minutes	10 et 30 m	États-Unis	USGS	oui
DEM CDED	23 m et 90 m	Canada	CCOG	oui
GTOPO30	30" d'arc (~ 1 km)	La Terre entière	USGS/NASA	oui
DEM SDTS	10 et 30 m	États-Unis	USGS	oui

NED	10 et 30 m	États-Unis	USGS	oui
Visual DEM France*	75 m	France	IGN	oui
MNT BD Alti*	50 à 1 000 m	France	IGN	oui
Litto3D®**	1 m	Zones littorales françaises entre -10m et +10m	IGN	oui
SRTM-3	90 m	80 % des terres émergées	NASA/NIMA	non
SRTM-1	30 m	États-Unis	NASA/NIMA	non
MOLA MEGDR	463 m	Mars (hors zones polaires)	NASA	oui

❖ APPLICATION

- Hydrologie

- Calculs de cubatures, (le calcul de cubatures a pour objectif la détermination des quantités des différents matériaux: Structure de la plateforme (déblai/remblai et structure de la chaussée ou de la voie ferrée

- Lâchers de barrage,

- Études de bassins et versants.

- Télécommunications et défense

- Cartographie des couvertures en téléphonie mobile,

- implantation de réseaux hertziens et câblés,

- simulation de propagation d'ondes, profils de vols,

- visibilité, systèmes anti-collision.

- Communication

- Cartographie du relief sous diverses formes,

- habillage et drapage d'ortho photos,

- Animations touristiques en 3D.

II.2.1.2. Les images satellites OLI

Ce sont des données images sur l'ensemble de la zone d'étude. Elles sont acquises par le capteur OLI à bord du satellite d'observation de la terre (8) lancé le 28 Avril 2014.

D'une résolution de 30 en multi spectral et de 15 mètres en panchromatique, ces images ont permis d'extraire l'occupation des terres dans la zone d'étude.

II.2.1.3. Les données GPS

Le GPS (Global Positioning System) est un système de navigation et de positionnement par satellite, qui a été développé par les Etats-Unis pendant les 20 dernières années. Il fonctionne grâce à 24 satellites qui tournent autour du globe sur 6 orbites différentes, à une distance d'environ 22000 kms. Avec un récepteur GPS, les signaux des satellites peuvent être reçus partout, gratuitement et à tout moment pour déterminer une position.

Le principe du GPS se base sur la triangulation. La réception des signaux émis par au moins 4 satellites permet la localisation (du récepteur GPS) dans l'espace en 3 dimensions (longitude, latitude et altitude). La précision du positionnement se situe, depuis le 1er mai 2001, dans 95% des cas, dans un cercle d'un radius de 7 m. Celle-ci est généralement supérieure à l'exactitude du tracé des cartes à échelle 1:50.000. Si nécessaire, cette précision peut encore être améliorée en utilisant un système différentiel. Dans le cadre de la présente étude, il nous a permis de d'identifier individuellement la position géographique de chaque client potentiels à desservir. Ces informations jouent un rôle capital dans la planification des installations en téléphonie mobiles.

II.3. Méthode

II.3.1. Conception et implémentation de la base de données spatiales

Concevoir signifie modéliser, c'est à dire traduire les entités du mondes réel en de catégories de classes désignées par des noms. Ainsi la conception d'une base de données géographique suit les grandes lignes de la conception d'une base de données classique mais présente des particularités qui la rendent plus complexe. La base de données constitue donc la pièce maitresse sur laquelle les SIG fonctionnent pour effectuer les différentes analyses. La modélisation de la base de données spatiales comporte deux (02) phases importantes qui sont : la phase conceptuelle et la phase de création.

Ainsi le processus de la mise en place de la base de données SIG, de la conception à l'implémentation se présente dans la figure suivante.

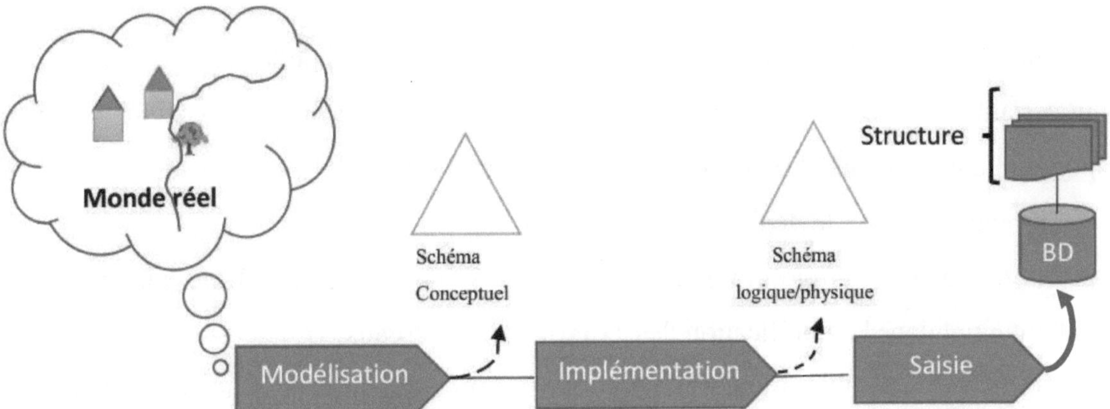

Figure 7:Principe de la modélisation des bases de données spatiales; Kibora (2018)

Cette étape a permis d'identifier les entités suivantes qui vont nous permettre d'atteindre les objectifs :

- Localités (id, type, nom, population, x, y, id commune),
- Communes (id commune, nom),
- Clients potentiels (id, nom et prénom, id_localité x, y),
- Route (id, état, longueur),
- Point coté (id, id_localité, altitude),
- Occupation des terres (id, type, superficie),
- Antenne existant (id, x, y, altitue, puissance),

Ces entités ont été   implémentées sous formes géométriques (point, ligne, polygone), et décrit par leur attribut grâce à un système de gestion de base de données SIG (ArcCatalogue). D'autres données existantes ont été tout Simplement importées dans la base.

II.3.2. Analyse des données

II.3.2.1. Création du MNT

La topographie étant un paramètre important dans le choix des sites il a été nécessaire de créer une image représentant les différentes altitudes de la zone d'étude.

Cette image a tété générée à partir des points cotés extraits de l'image satellite ASTER DEM grâces aux outils d'analyse spatiale. Cette image, d'une résolution de 30 mètres permettra de caractériser aisément la topographie de la zone d'étude.

Sur la base de la superficie des sites, de leur altitude et de leur proximité à la voirie, le modèle numérique du terrain créée précédemment a permis d'identifier des zones dites aptes. Ces zones sont susceptibles de recevoir les infrastructures de télécommunication.

II.3.2.2. Analyse de visibilité

La forme d'une surface de terrain affecte grandement les parties de la surface visibles à partir d'un certain point. La visibilité à partir d'un emplacement donné constitue un élément important dans la définition de la valeur immobilière, la position des antennes de télécommunications ou le déploiement d'unités militaires.

Pour les opérateurs de télécommunication, l'analyse de visibilité, offerte par les SIG a un grand potentiel dans la planification des extensions des réseaux.

La visibilité est le résultat d'une fonction qui détermine quelle zone d'une carte peut être vue depuis un point donné. La téléphonie mobile fourni un accès distant par l'utilisation d'une portion du spectre radio pour transmettre les données.

Dans le cas d'un LOS, l'analyse va montrer les régions qui peuvent recevoir un signal émis depuis un site potentiel.

L'algorithme viewshed fournit une précision suffisante pour une couverture à plus petite échelle, comme une ville, lorsque les données recueillies sont d'une nature générale, c'est-à dire la population totale couverte ou le pourcentage d'entreprises couvertes. Le viewhed est alors affiché comme une grille de cellules codées avec des 1 pour les cellules visibles et 0 pour les cellules non visibles. Pour produire cette grille, l'algorithme doit passer par plusieurs étapes. Une fois le point de vue défini, l'algorithme détermine les lignes de vue des cellules adjacentes au point de vue, ou la cellule d'origine.

Ainsi à partir du MNT et des sites sélectionnés, une analyse de visibilité a été faite. Il s'agit de déterminer à partir des zones hautes (sites potentiels) les clients qui peuvent recevoir un signal émis depuis l'émetteur , c'est-à-dire déterminer l'espace libre autour des récepteurs. Les paramètres pour cette analyse sont présentés dans le tableau ci-dessous. L'ofset A, B ; Azimut1, 2 ; Vert1, 2 ; radius1, 2 représentent respectivement la hauteur des émetteurs, la hauteur des récepteurs, l'angle d'orientation des antennes, la distance à partir des émetteurs où la visibilité doit commencer, et la distance à laquelle elle doit s'arrêter.

Tableau 3: Paramètres pour la détermination du champ de visibilité

Id	Offset A	Offset B	Azimut 1	Azimut 2	Vert 1	Vert 2	Radius 1	Radius 2
	40	1.98	0	360	90	-90	0	15000

Si le maximum de clients n'est pas couvert par ces zones de desserte, une technique d'ajustement est utilisée et permet de repositionner les sites potentiels sur des zones à hautes ou moyenne altitudes de façon à couvrir l'ensemble de la zone voulu.

Pour tenir compte de l'accessibilité à ces sites une requête spatiale a permis de sélectionnée les sites à proximité de la voirie et qui ne sont pas situées dans des zones protégées (forêt classée …). Une simulation a été faite pour estimer la puissance du signal des antennes sur l'ensemble de la zone.

II.3.2.3. Simulation de la couverture des sites choisis

Les sites étant choisis il est nécessaire d'estimer la qualité de transmission des signaux dans toute la zone d'étude grâce au logiciel radio mobile et global mapper.

En effet le logiciel Radio Mobile est la propriété intellectuelle de Roger Coudé. Radio Mobile est voué à la prédiction des performances des systèmes radio (WLAN & WMAN) en outdoor et le calcul du bilan de liaison pour une large bande de fréquences (Roger , 2017).

Ce pendant nous avons choisi une antenne GSM dont les caractéristiques sont énumérés dans la figure suivantes

VPol Omni 870–960/1710–1880 360° 2dBi

Type No.	**738 449**
Input	1 x N female
Connector position	Bottom or top
Frequency range	870 – 960 MHz / 1710 – 1880 MHz
VSWR	< 1.7
Gain	2 dBi
Impedance	50 Ω
Intermodulation IM3 (2 x 43 dBm carrier)	< –150 dBc
Polarization	Vertical
Max. power	50 Watt: 870 – 960 MHz 50 Watt: 1710 – 1880 MHz (at 50 °C ambient temperature)
Weight	250 g
Radome diameter	20 mm
Height	216 mm

Material: Radiator: Brass. Radome: Fiberglass, colour: White.

Mounting: One hole mounting (16 mm diameter) to surfaces of max. 10 mm thickness.

Figure 8: Caractéristiques de l'antenne choisi pour la simulation des liaisons; Kibora (2018)

Il faut noter que le logiciel est disponible en ligne et en exécutable, ci-dessous l'interface de la version.

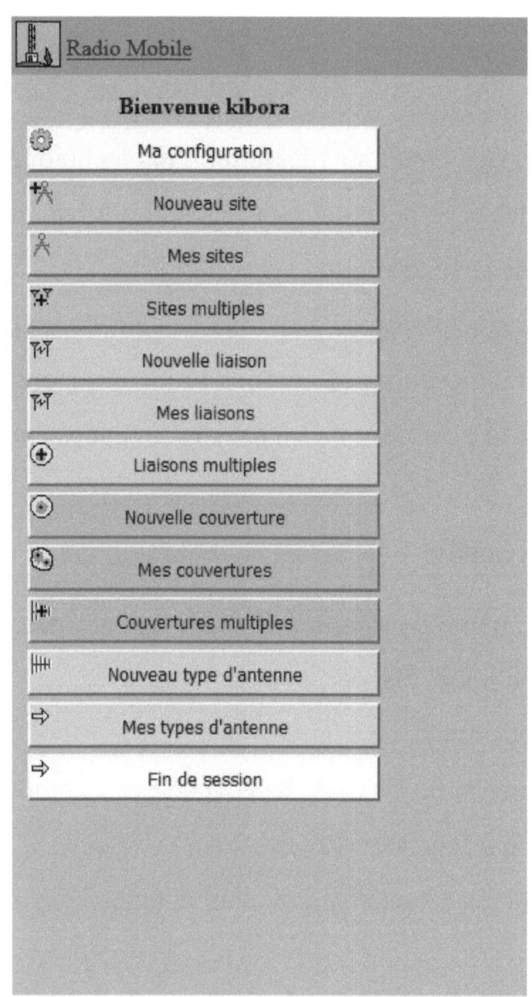

Paramètre de configuration du compte utilisateur

Ajout des sites (émetteurs – récepteurs)

Liste des sites

Liaison point to multi point

Création d'une liaison (nécessite les caractéristiques techniques des équipements)

Liste des liaisons effectuées

Prédiction de la couverture

Liste des couvertures

Couverture de plusieurs sites

Définition des caractéristiques d'antennes

Figure 9: Interface de radio mobile online; Kibora (2018)

Quand à Global mapper c'est un logiciel SIG qui permet en plus des fonctionnalités qu'offre un SIG, de prédire la couverture en radio mobile sur une zone géographique donnée. L'interface qui a servi dans le cadre de ce travail (figure) est composée de sept (07) parties essentielles :

- L'altitude des émetteurs : permet d'introduire l'altitude ou la hauteur des pylônes (émetteurs)

- L'altitude des récepteurs : permet d'introduire l'altitude ou la hauteur des récepteurs (un client muni d'un téléphone portable) , 1.98 m maximum.

- L'angle de visé qui dépend du type d'antenne (omnidirectionnel dans notre cas, puis que c'est du point to multi point).

- La couverture atmosphérique permet de prendre en compte les caractéristiques atmosphériques au moment des simulations. Cette valeur est facultative.

- Le View radius détermine la portée des signaux qui dépend non seulement de la puissance d'émission des antennes mais aussi du gain et des antennes des pertes en espace libre.

- Freshnel zone spécification permet d'introduire les données nécessaires au calcul de l'ellipsoïde de Freshnel.

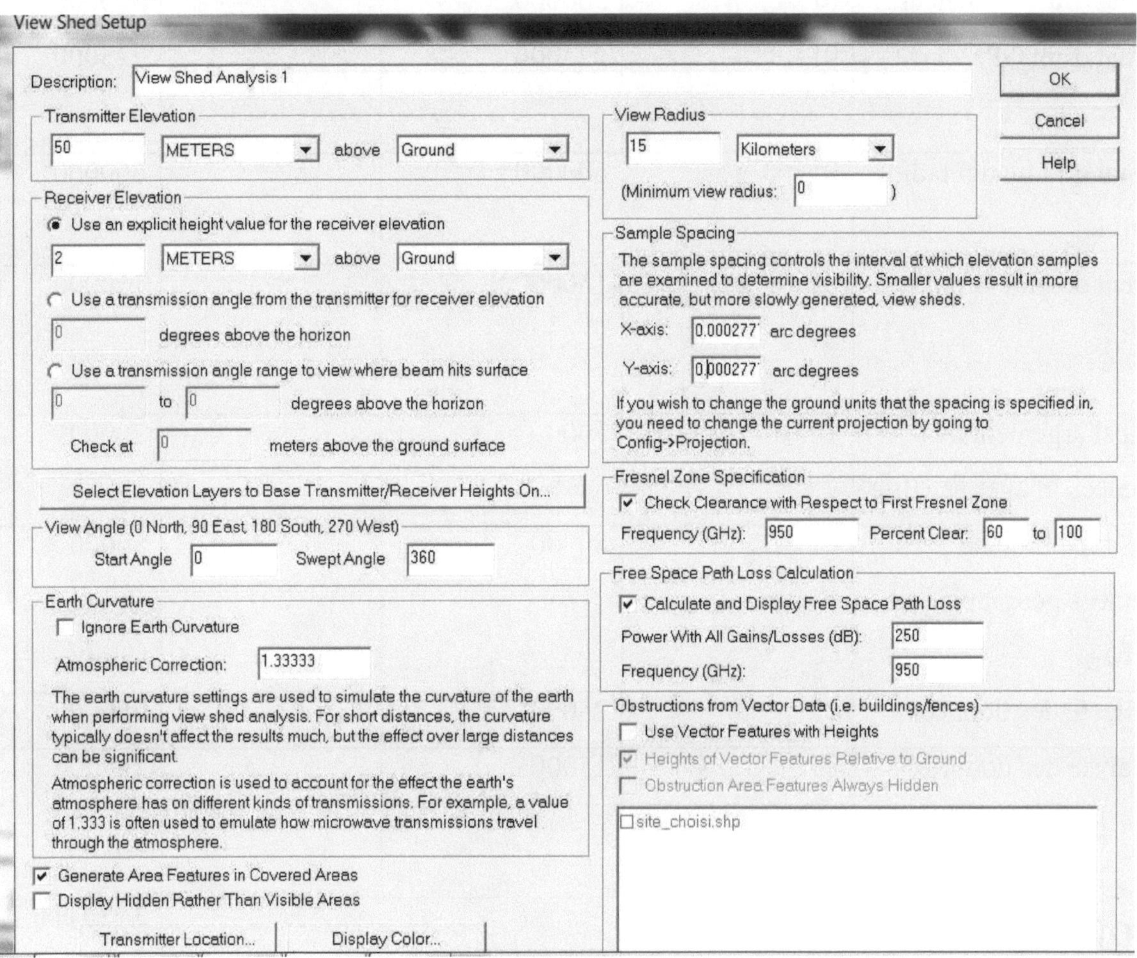

Figure 10: Interface Global Mapper pour la prédiction de la couverture des sites choisis et l'interpolation du signal; Kibora (2018).

II.4. Estimation budgétaire

L'exécution des tâches qui ont permis d'atteindre les objectifs a engendré d'énormes dépenses qui sont décrit dans le tableau-ci-dessous.

Tableau 4: Estimation budgétaire

Intitulé	Qté	P.unitaire	Durée (jour)	Total
Achat d'un ordinateur	01	300000		300000
Achat d'un GPS	01	225000		225000
Achat du logiciel radio mobile	01	600000		600000
Achat de globalMapper	01	1500000		1500000
Téléchargement des données images satellite	10	7000		70000
Achat de base de données géographique de base	01	80000		80000
Collecte des données	02	25000	15	750000
Analyse des donnés	01	15000	7	105000
Total				**3 630 000**

Chapitre 3 : Présentation et analyse des résultats

III.1. Caractéristiques des sites existants

Comme le montre la figure suivante la zone d'étude dispose (13) antennes relais   dans un rayon de trente (30 km), un nombre suffisant pour assurer une couverture totale de la zone d'étude.

Mais compte tenu de la couverture forestière dense qui occupe une majeure partie de la zone , les signaux émises seront affaiblis et par conséquent les communications ne seront pas fiables à la réception surtout quand on s'éloigne de la source.

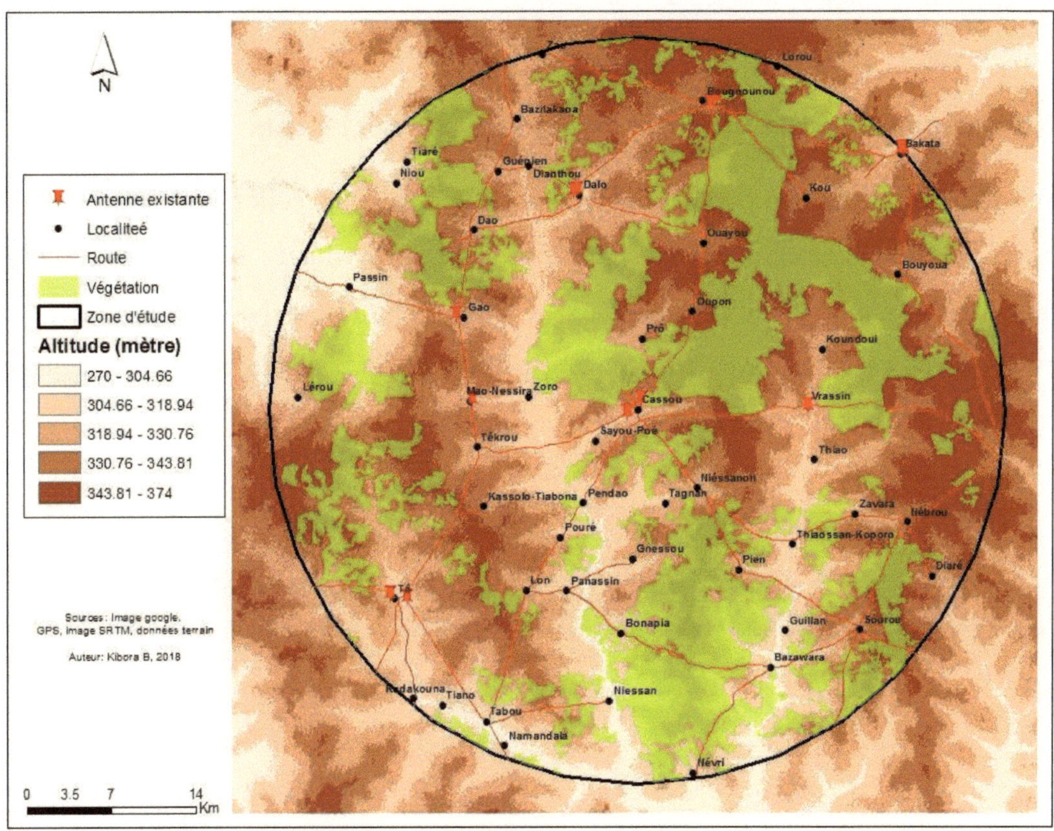

Figure 11: Carte des équipements existants; Kibora (2018)

Quant à la topographie des sites existants, ils sont situés à une altitude moyenne de   325 mètres (Tableau 4).

Comparer à l'altitude moyenne dans la zone d'étude qui est de 340 mètre, nous pouvons en déduire que la topographie de la zone d'étude et son couvert végétal atténue considérablement les signaux émis.

Tableau 5: Caractéristiques géographiques des sites existants

N°	Latitude	Longitude	Localité	altitude
0	11.587654	-2.044175	Cassou	327.912994
1	11.578607	-2.05422	Cassou	325.129395
2	11.803687	-1.993438	Bougnounou	343.926636
3	11.807157	-1.988048	Bougnounou	348.19931
4	11.739173	-2.094059	Dalo	328.56012
5	11.739964	-2.091884	Dalo	330.404083
6	11.769679	-1.847556	Bakata	317.225494
7	11.770327	-1.848322	Bakata	316.615021
8	11.769758	-1.849916	Bakata	315.940063
9	11.443938	-2.21835	To	318.117065
10	11.446379	-2.231077	To	317.860687
11	11.588202	-2.169938	Mao-Nessira	318.778717
12	11.649925	-2.181604	Gao	325.636658
13	11.5836	-1.91944	Vrassin	328.42868

III.2. Estimation de la visibilité du signal aux sites existants

La carte ci-dessous montre les populations couvertes (en vert) et celles non couvertes (en rouge) par les antennes existantes. Même si la majorité des gros villages est couverte, il existe d'autre qui ne le sont pas ; c'est le cas du village de Diaré, Névri,Tiaré, Nio, Lérou…etc.

Pour plus de précisions des levés terrains avec des équipements de mesures adéquates permettront de mieux évaluer cette couverture.

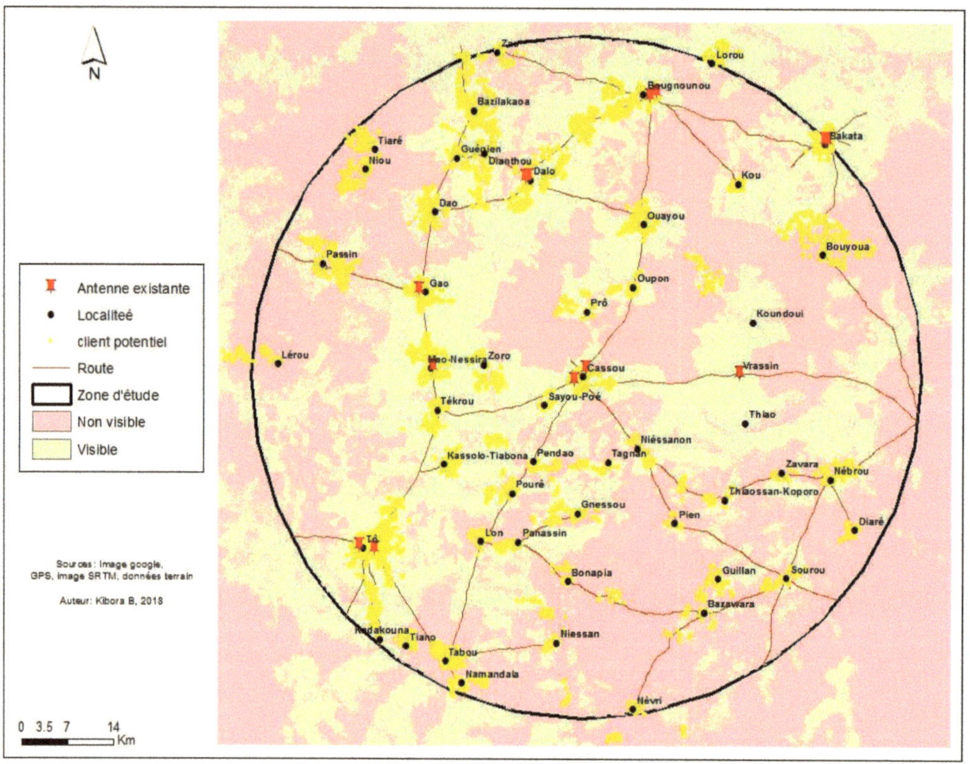

Figure 12: Couverture géographique des antennes existantes; Kibora (2018)

III.3. Identification des nouveaux sites

Cette figure montre de nouveaux sites choisis sur la base de la topographie, de la couverture forestière, de la superficie disponible et de la distance par rapport à la voirie.

Il ne s'agit pas ici d'une mise en cause des installations existantes sur la zone mais de montrer comment   la prise en compte de l'environnement géographique de propagation des ondes permet de gagner en temps et d'optimiser les investissements sur l'infrastructure.

En effet une analyse spatiale à partir des facteurs sur-cités ont permis de sélectionner dix (10) sites. Des essais terrain sont nécessaires afin de valider ou non ces sites.

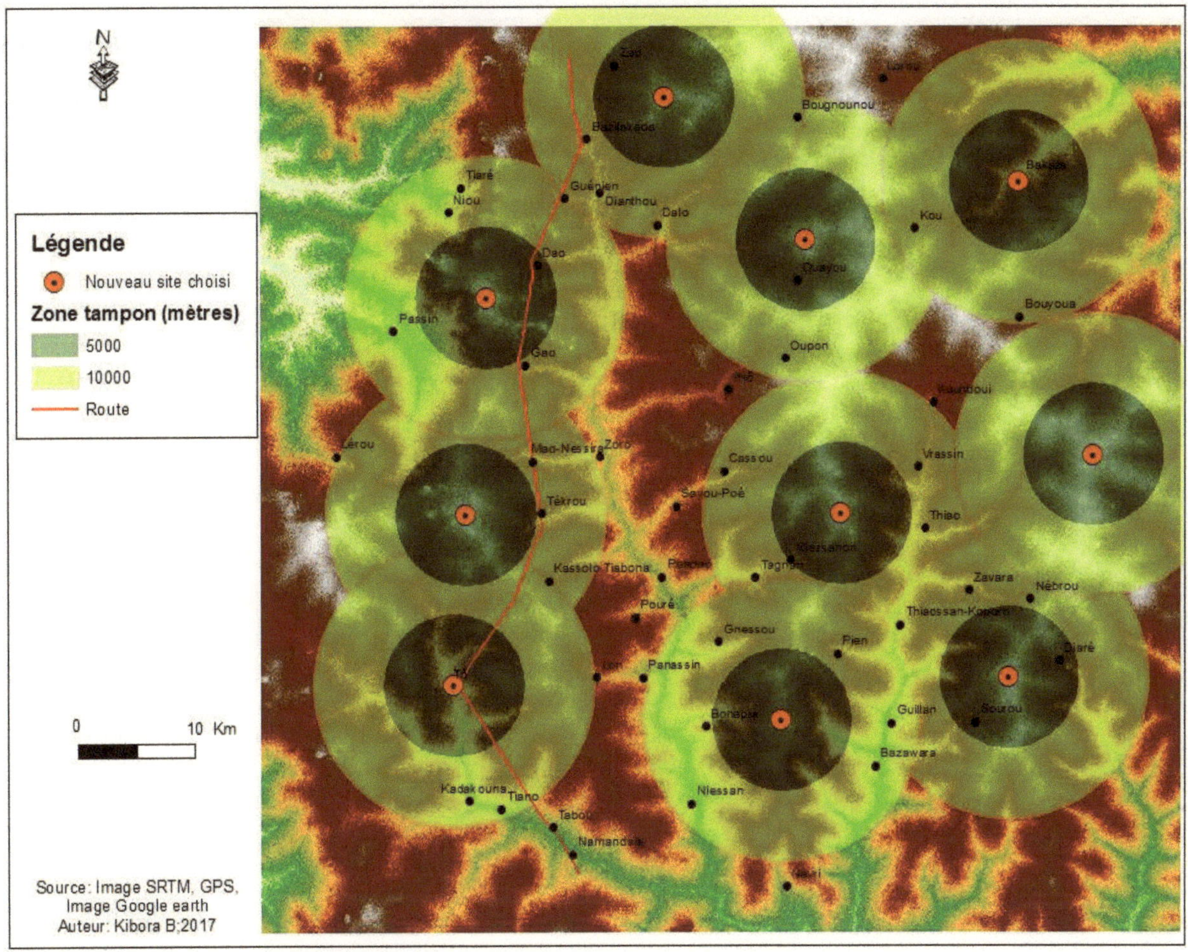

Figure 13: Carte des nouveaux sites identifiés; Kibora (2018)

III.3.1. Simulation d'une liaison entre deux sites (point to point)

Nous avons jugé nécessaire de simuler une liaison point to point, c'est-à-dire entre deux antennes relais en utilisant les paramètres par défaut de radio, pour voir le comportement du signal dans l'environnement géographie de la zone d'étude.

Ces paramètres pourront être remplacés par des caractéristiques techniques des émetteurs dans un cas de figure concret.

Comme le montre la figure suivante on peut recueillir des informations concernant les hauteurs d'antennes qu'on peut changer pour améliorer la liaison, aussi la fréquence de travail qu'on peut aussi changer. En haut de la figure on a en fait, la distance de la liaison, des informations importantes pour le bilan de liaison à savoir la distance entre Tx et Rx, les pertes induites par l'espace libre, par d'éventuelles obstructions, forêt. Elle donne aussi le PathLoss, la valeur du champ E, le niveau du signal à la réception en μV et en dBm, avec en plus la valeur de différence entre ce qui est reçu et la sensibilité du récepteur.

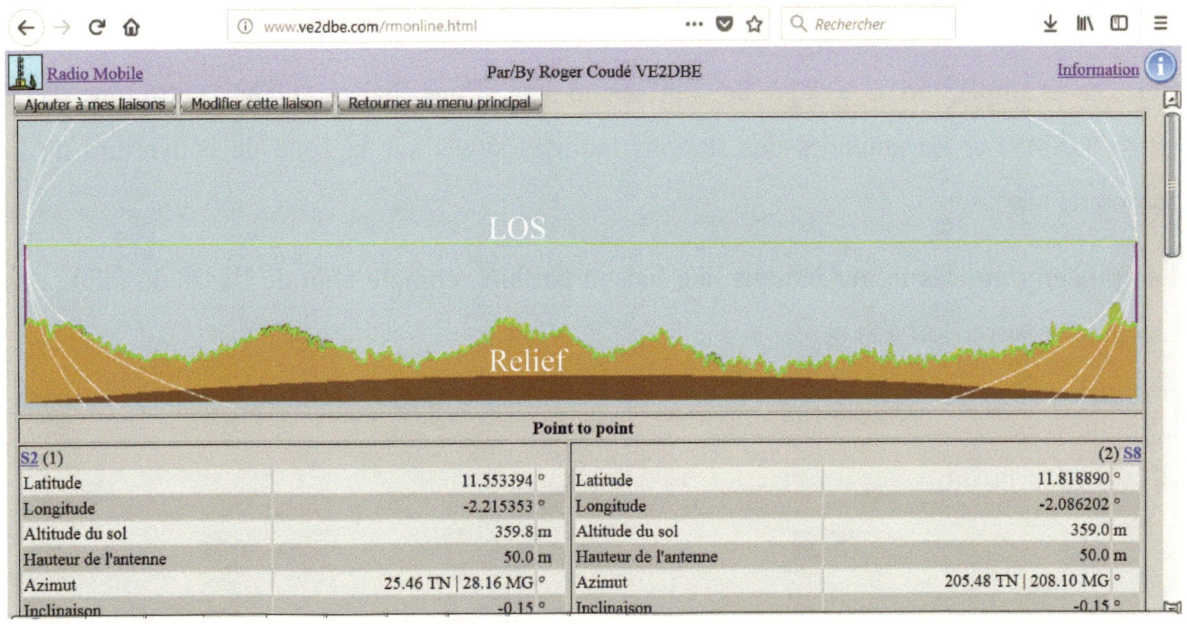

Figure 14: Ellipsoîde de fresnel de la liaison point to point

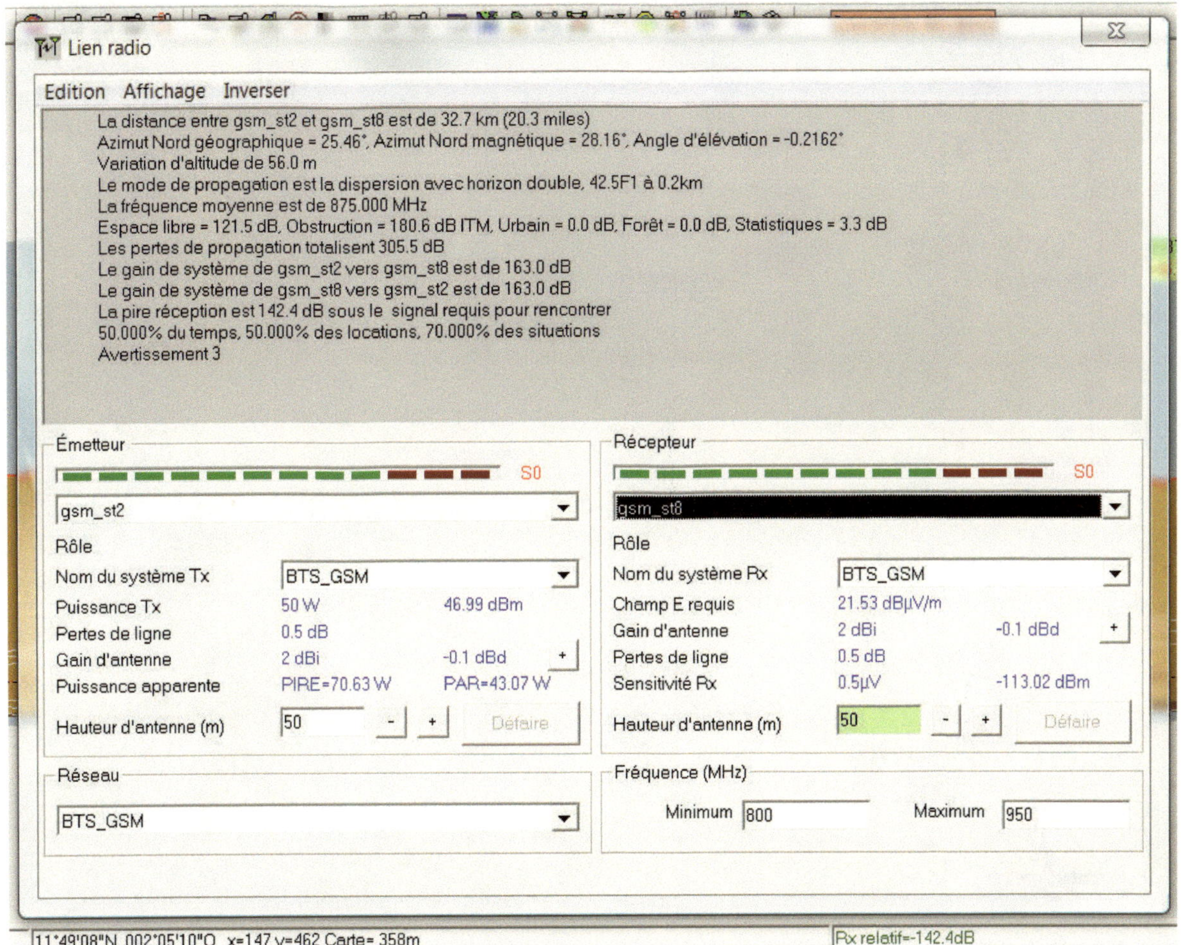

Figure 15: Rapport de la liaison point to point; Kibora (2018)

III.3.2. Simulation d'une liaison radio émetteurs-récepteurs mobile (point to multi points)

Sur cet exemple, on a essayé de simuler le cas d'une liaison GSM, entre une BTS (Base_GSM) et les antennes des stations mobiles situés sur la zone de couverture de la station de base.

La couleur verte des lignes indique une liaison parfaite, compte tenu de l'altitude faible des récepteurs par rapport à la base.

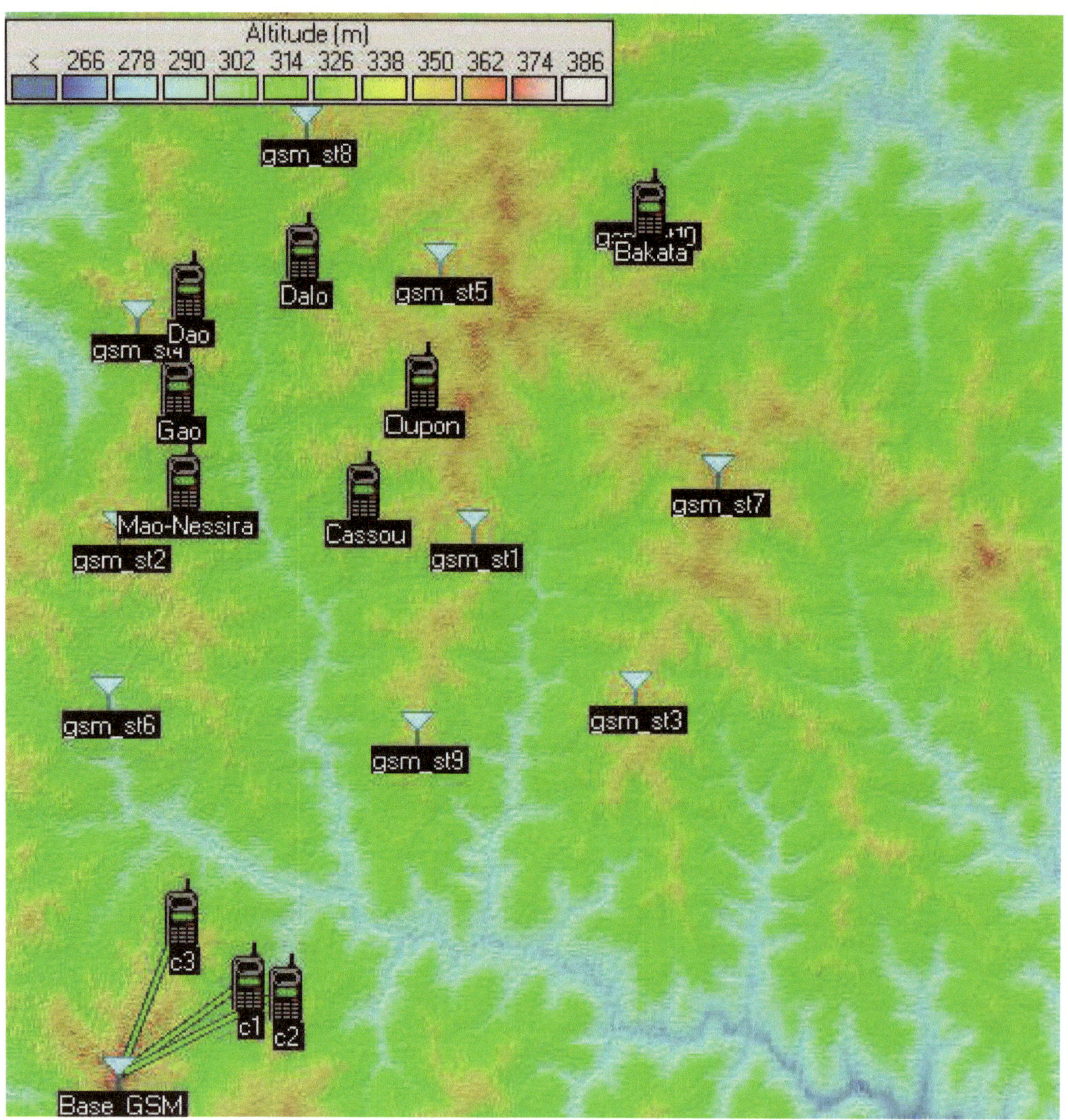

Figure 16: Carte du LOS; Kibora (2018)

Pour les liaisons en plein air, nous obtiendrons un signal fort tant que la visibilité sera parfaite (champ de vision clair) entre les bouts et qu'un espace suffisant est aménagé pour la zone de Fresnel (l'obstruction de cette zone ne doit pas dépasser 20%). De façon générale, lorsque la zone de Fresnel est obstruée à plus de 20%, il en résulte une baisse du débit de la liaison radio et un risque de perte de la communication de façon intermittente. L'Ellipsoïde de FRESNEL délimite la région de l'espace où est véhiculée la plus grande partie de l'énergie du signal (60% environ). Se situer dans cet ellipsoïde revient à se retrouver dans les conditions de la propagation en espace libre, c'est-à-dire que le signal se propage sans diffraction.

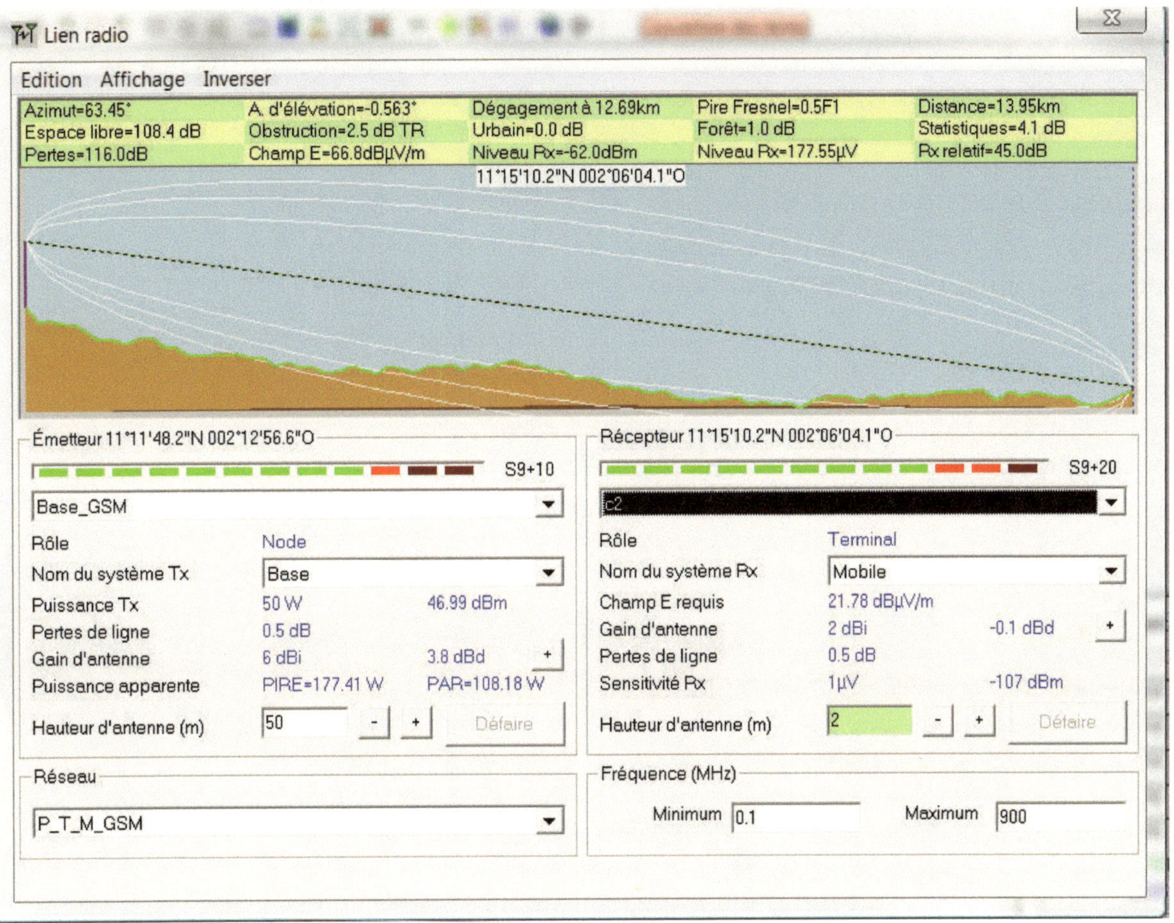

Figure 17: Ellipsoîde de la liaison BTS vers mobile; Kibora (2018)

La distance entre Base_GSM et c2 est de 13.9 km (8.7 miles)
Azimut Nord géographique = 63.45°, Azimut Nord magnétique = 66.22°, Angle d'élévation = -0.5628°
Variation d'altitude de 80.4 m
Le mode de propagation est la ligne-de-vue, avec dégagement minimal de 0.5F1 à 12.7km
La fréquence moyenne est de 450.050 MHz
Espace libre = 108.4 dB, Obstruction = 2.5 dB TR, Urbain = 0.0 dB, Forêt = 1.0 dB, Statistiques = 4.1 dB
Les pertes de propagation totalisent 116.0 dB
Le gain de système de Base_GSM vers c2 est de 161.0 dB
Le gain de système de c2 vers Base_GSM est de 153.0 dB
La pire réception est 37.0 dB au-dessus du signal requis pour rencontrer
50.000% du temps, 50.000% des locations, 70.000% des situations

Figure 18: Figure 17: Rapport de la liaison BTS vers mobile; Kibora (2018)

Problèmes rencontrés et suggestions

L'ensemble de l'étude s'est bien déroulé sans aucune difficulté majeure tendant à impacter les résultats sauf l'inaccessibilité aux équipements adéquats pour des tests terrain et aussi l'inaccessibilité aux informations techniques des équipements existants dans la zone d'étude. Ce pendant une étude approfondi dans un cas pratique s'avère nécessaire afin d'améliorer les résultats actuels ; aussi pour les opérateurs d'intégrer l'environnement de propagation des ondes dans sa globalité lors des travaux d'ingénierie radio afin d'améliorer la couverture.

Conclusion

Nous avons été amenés à étudier de plus proche la situation existante et proposer éventuellement une solution appropriée pour une couverture efficace des abonnés.

Pour conclure, nous pouvons dire que l'information géographique joue un rôle essentiel dans la modélisation des phénomènes de transmission des ondes radio à travers l'espace géographique. Il est important que les concepteurs de systèmes de télécommunications radio-mobiles et de plateformes d'ingénierie en aient conscience, afin d'améliorer la qualité de leur outils de modélisation radio, et de pouvoir optimiser l'implantation des antennes relais de leur réseau de téléphonie radio-mobile.

D'ailleurs, les opérateurs de télécommunications et les constructeurs d'équipements de télécommunications ont pris conscience de l'intérêt que représentait pour eux l'utilisation de la géomatique et d'une information géographique de qualité.

Ceci dit, on a présenté tout le long de ce mémoire les notions fondamentales des réseaux mobiles tout en mettant l'accent sur la couverture réseaux qui constitue une partie majeure de l'ingénierie des télécommunications.

Grâce au SIG, aux outils de simulation radio, des sites optimaux ont été choisis et des simulations ont été faites pour quantifier et qualifier la puissance du signal émis depuis les stations relais vers des localités cibles.

Bibliographie

Abdraman, M. A. (2014). *Ingenierie des resaux mobiles 3.* Onttrek uit fr.slideshare.net: https://fr.slideshare.net/abdramansoloboroumay/ingenierie-des-reseaux-radiomobiles-3

Bédard, Y. (1987). Uncertainties in Land Information Systems Databases. *Proceedings of Eighth International Symposium on Computer-Assisted Cartography*, 175-184.

ESRI. (2017, 11 02). *SIG : Tout savoir sur les Systèmes d'Information Géographique | Esri France - Télécommunications.* Onttrek uit www.esrifrance.fr: https://www.esrifrance.fr/telecommunications.aspx

Jean , D. (2017, 12 26). *SEIG : Information géographique : définition, typologie, exemples.* Onttrek uit http://seig.ensg.ign.fr: view-source:http://seig.ensg.ign.fr/fichchap.php?NOCONT=&NOCHEM=CHEMS001&NOFICHE=FP1&NOLISTE=0&N=0&RPHP=&RCO=&RCH=&RF=&RPF=

Magalhaes , G. (1997). Telecommunications outside plant management throughout Brasil. *AM/FM International*, (p. 386). Aurora.

Malmer , D. (2009). *Determining Cell Phone Tower Placement in Maine.* Bureau, USGS National Map Seamless Server.

Roger , C. (2017). *radio mobile.* Onttrek uit Le site web de radio mobile: http://www.ve2dbe.com/

SHANNON, C. E., & Weaver, W. (1949). *The Mathematical Theory of Communication.* Urbana, IL: University of Illinois Press.

Siddharh, A. K., & Joon-Yeoul, O. (2016). Optimal placement of base station for cellular network expansion. *Issues in Information Systems*, 7.

Wikipedia. (2017, 11 17). *Réseau de téléphonie mobile.* Onttrek uit fr.wikipedia.org: https://fr.wikipedia.org/wiki/Réseau_de_téléphonie_mobile

Annexe

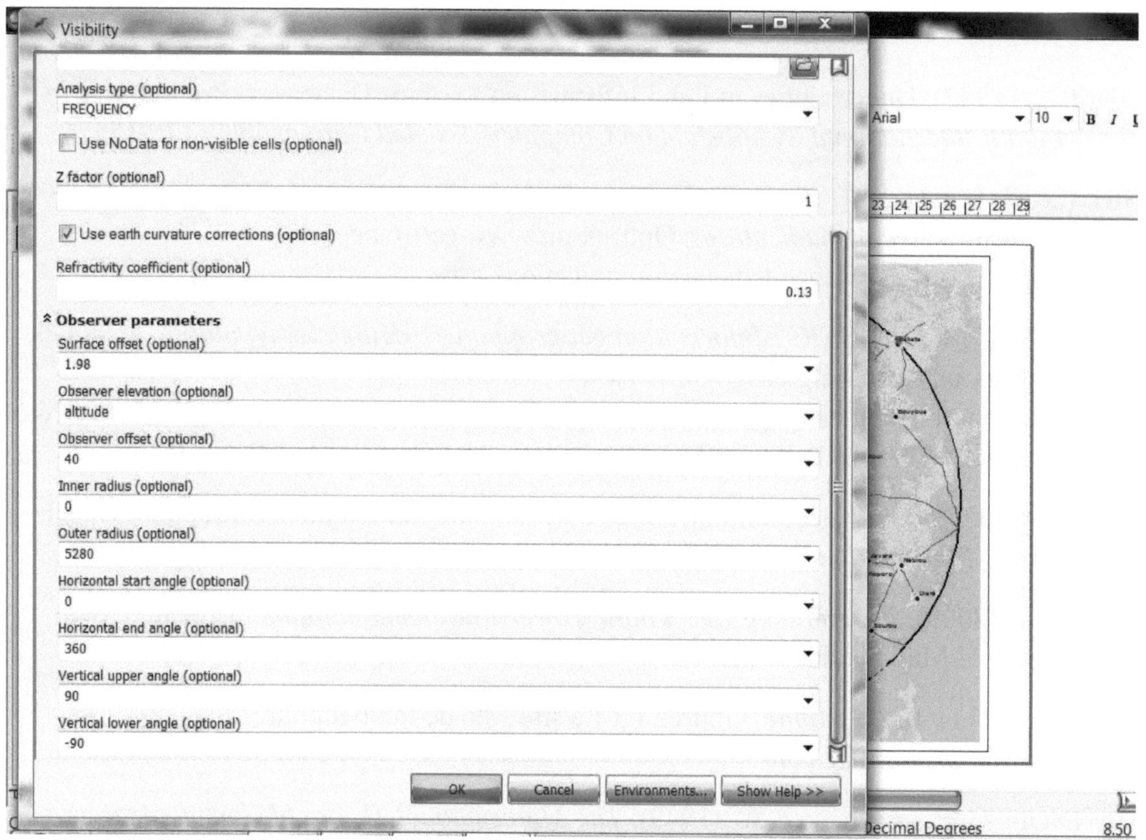

Figure 19: Interface d'analyse de visibilité; Kibora (2018)

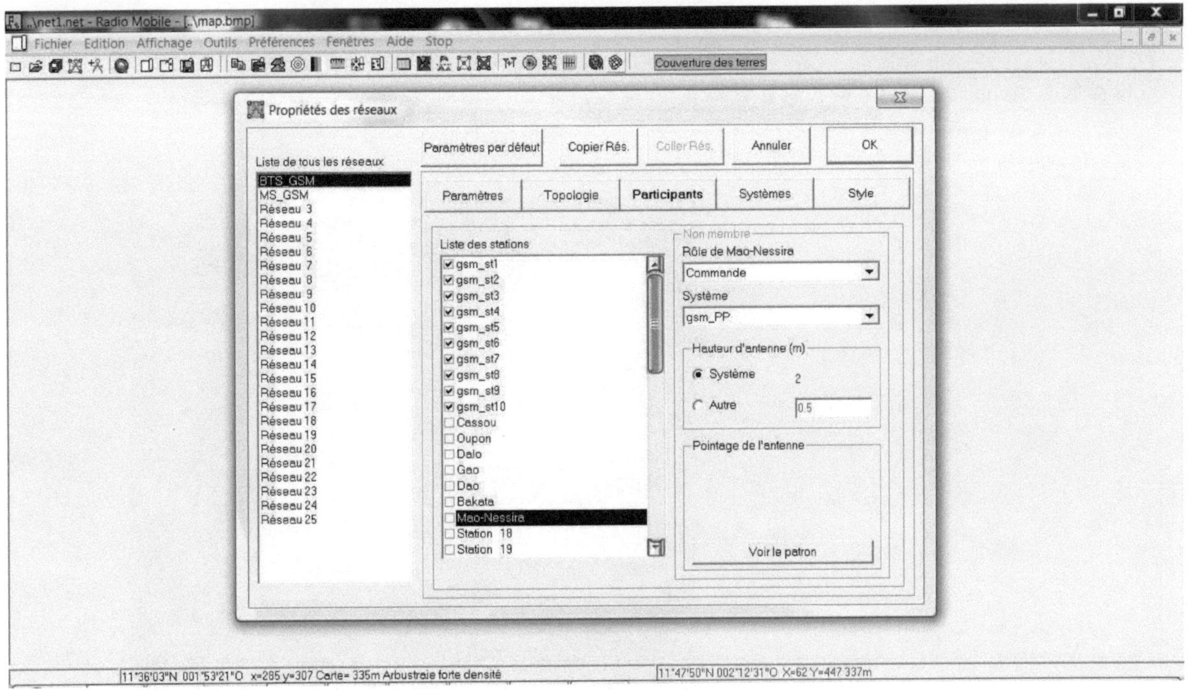

Figure 20: configuration des participants(BTS,mobile) au reseau GSM; Kibora (2018)

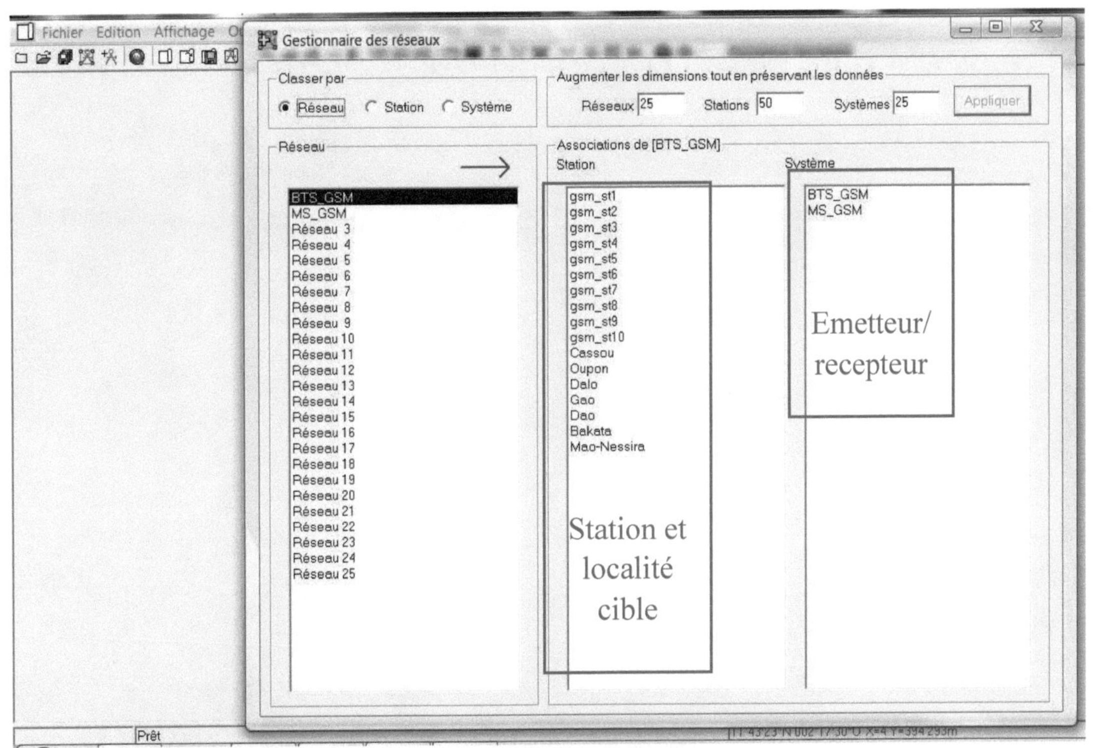

Figure 21: Vue synoptique du réseau créé; Kibora (2018)

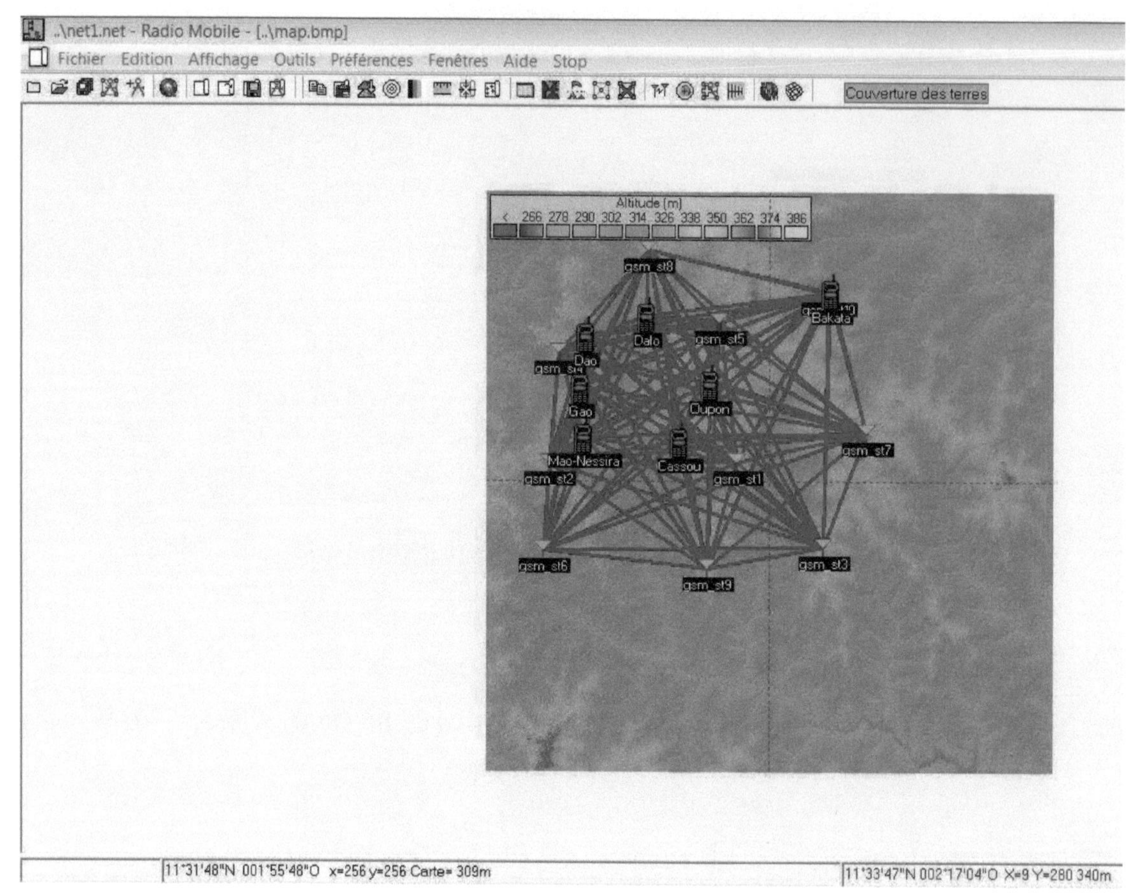

Figure 22: Carte de l'ensemble des liason du réseau créé; Kibora (2018)

SUR GRIN VOS CONNAISSANCES SE FONT PAYER

- Nous publions vos devoirs
  et votre thèse de bachelor et master

- Votre propre eBook et livre –
  dans tous les magasins principaux du monde

- Gagnez sur chaque vente

Téléchargez maintentant sur www.GRIN.com
et publiez gratuitement